高校数学I 専用 スタディノート　もくじ

JN060412

Warm-up [教科書 p. 4〜7]

p.5　問 1　次の計算をしなさい。

(1)　$-1+4$

(2)　$-6-8$

(3)　$-5+(-4)$

(4)　$1-(-7)$

(5)　$10+(-6)-(-8)$

(6)　$-2-(-5)-7$

p.5　問 2　次の計算をしなさい。

(1)　$(-6)\times(-7)$

(2)　$(-5)\times9$

(3)　$(-20)\div(-5)$

(4)　$48\div(-3)$

(5)　$(-3)^2$

(6)　-3^2

(7)　$10\times(-2)^2\times(-3)$

(8)　$(-2^3)\times(-9)\div(-6)$

p.5　問 3　次の計算をしなさい。

(1)　$\dfrac{3}{8}+\dfrac{7}{8}$

(2)　$\dfrac{2}{5}-\dfrac{3}{4}$

(3)　$\left(-\dfrac{3}{5}\right)\times\dfrac{5}{6}$

(4)　$\dfrac{2}{5}\div\left(-\dfrac{3}{10}\right)$

(5)　$\dfrac{5}{6}\times\left(-\dfrac{2}{3}\right)\div\left(-\dfrac{10}{9}\right)$

(6)　$\dfrac{1}{2}+\dfrac{15}{8}\div\left(-\dfrac{9}{4}\right)$

p.7 **問 4** 次の数を素因数分解しなさい。

(1) 30 (2) 84 (3) 72

p.7 **問 5** 次の計算をしなさい。

(1) $\sqrt{2} \times \sqrt{7}$ (2) $2\sqrt{7} \times 5\sqrt{6}$

(3) $\sqrt{5} \times 3\sqrt{5}$ (4) $\sqrt{18} \times \sqrt{45}$

(5) $\sqrt{8} \times \sqrt{54}$ (6) $\sqrt{72} \times \sqrt{40}$

(7) $\sqrt{6} \times \sqrt{24}$ (8) $\sqrt{32} \times \sqrt{18}$

p.7 **問 6** 次の計算をしなさい。

(1) $2x - x - 3x$ (2) $-3a + 5b - 6a - b$

(3) $4a - 2 - (6a + 2)$ (4) $2a \times (-3b^2)$

(5) $(-9a^2) \div (-3a)$ (6) $2xy \times (-3x) \div 6x^2y$

検

① 文字を使った式のきまり・整式(1) [教科書 p. 10～13]

p.11 問 **1** 　次の式を，文字式のきまりにしたがって表しなさい。

(1) $b \times a \times b \times 5$

(2) $b \times b \times 1 \times c \times c \times c$

(3) $y \times y \times x \times (-1)$

(4) $y \times (-3) + z \times x$

p.11 問 **2** 　次の式を，文字式のきまりにしたがって表しなさい。

(1) $a \times 3 \div b$

(2) $x \div (-4)$

(3) $y \div x \times 4$

(4) $a \times a \times 5 - (b+1) \div c$

p.11 問 **3** 　1個70円のお菓子が a 個入った箱を b 箱と，1本150円のお茶を c 本買ったときの合計

金額を文字式で表しなさい。

p.12 問 **4** 　次の単項式の次数と係数を求めなさい。

(1) $5a$ 　次数 (　　　　　)

(2) $3a^2$ 　次数 (　　　　　)

係数 (　　　　　)

係数 (　　　　　)

(3) $a^2 b^3$ 　次数 (　　　　　)

(4) $-2x^4$ 　次数 (　　　　　)

係数 (　　　　　)

係数 (　　　　　)

(5) $\dfrac{1}{3}xy^2$ 　次数 (　　　　　)

(6) $-a^3 b$ 　次数 (　　　　　)

係数 (　　　　　)

係数 (　　　　　)

p.13 問 **5** 　次の多項式の次数と定数項を求めなさい。

(1) $2x+3$ 　次数 (　　　　　)

(2) $x^2 + 8x + 4$ 　次数 (　　　　　)

定数項 (　　　　　)

定数項 (　　　　　)

(3) $a^2 b - 2a - 1$ 　次数 (　　　　　)

(4) $2xy^2 + z^3$ 　次数 (　　　　　)

定数項 (　　　　　)

定数項 (　　　　　)

練習問題

① 次の式を，文字式のきまりにしたがって表しなさい。

(1)　$a \times b \times a \times 3$

(2)　$b \times b \times b \times c \times c \times 1$

(3)　$x \times y \times x \times (-1)$

(4)　$x \times (-4) + z \times y$

② 次の式を，文字式のきまりにしたがって表しなさい。

(1)　$b \times 2 \div a$

(2)　$x \div (-3)$

(3)　$x \div y \times 2$

(4)　$(a + 3) \div b + c \times c \times 2$

③ 1個300円のケーキが a 個入った箱を b 箱と，1本120円のジュースを c 本買ったときの合計金額を文字式で表しなさい。

④ 次の単項式の次数と係数を求めなさい。

(1)　$3a$　次数（　　　）係数（　　　）

(2)　$2a^4$　次数（　　　）係数（　　　）

(3)　ab^2　次数（　　　）係数（　　　）

(4)　$-5x^2$　次数（　　　）係数（　　　）

(5)　$\frac{3}{4}x^2y$　次数（　　　）係数（　　　）

(6)　$-2a^2b^4$　次数（　　　）係数（　　　）

⑤ 次の多項式の次数と定数項を求めなさい。

(1)　$3x + 4$　次数（　　　）定数項（　　　）

(2)　$x^2 + 7x - 5$　次数（　　　）定数項（　　　）

(3)　$ab^2 + 3a + 1$　次数（　　　）定数項（　　　）

(4)　$3x^2y - 4z^2$　次数（　　　）定数項（　　　）

検

6

② 整式(2) [教科書 p. 14〜15]

p.14 　問 6　次の整式は何次式か答えなさい。

(1)　$3x^2 - 5x + 1$　　　(2)　$-a^3 + 6a$　　　(3)　$x^4 - 1$

（　　　）次式　　　　（　　　）次式　　　　　（　　　）次式

p.14 　問 7　次の整式を降べきの順に整理しなさい。

(1)　$4x - 3x^3 + 2x^2 - 1 + x^4$　　　(2)　$6 - x^3 - 4x + x^2$

(3)　$x + 1 + 3x + 4$　　　(4)　$x^2 - 4x + x - 3x^2 + 2$

(5)　$2x - x^2 + 4 + 2x^2 - x$　　　(6)　$x^3 - 4x^2 - 3 - x^3 + x^2 - 1$

p.15 　問 8　次の式のかっこをはずしなさい。

(1)　$3(x + 4)$　　　(2)　$5(2a^2 - 4a + 3)$

(3)　$-(3a^2 - 2a + 4)$　　　(4)　$-2(x^2 - x - 1)$

p.15 　問 9　次の式のかっこをはずしなさい。

(1)　$3\{2(a - b) + 3c\}$　　　(2)　$-4\{3a - 2(b - 1)\}$

練習問題

① 次の整式は何次式か答えなさい。

(1) $2x^2 + 3x - 1$ 　　　　(2) $-a^4 - 2a^2$ 　　　　(3) $x^3 + 1$

　　（　　　）次式 　　　　　　（　　　）次式 　　　　　　（　　　）次式

② 次の整式を降べきの順に整理しなさい。

(1) $2x + 4x^3 + x^2 - 3 + x^4$ 　　　　(2) $3 - 2x^3 + 7x - x^2$

(3) $x - 5 + 2x + 3$ 　　　　(4) $x^2 + 2x - 5x - 4x^2 + 8$

(5) $3x - 2x^2 + 6 + x^2 - 4x$ 　　　　(6) $x^3 - 5x^2 - 3 - 2x^3 + 5x^2 - 7$

③ 次の式のかっこをはずしなさい。

(1) $2(x + 1)$ 　　　　(2) $3(2a^2 + 3a - 2)$

(3) $-(2a^2 - a - 2)$ 　　　　(4) $-5(x^2 + x - 1)$

④ 次の式のかっこをはずしなさい。

(1) $2\{2a + 3(b - c)\}$ 　　　　(2) $-3\{a - 3(2b - 1)\}$

検

8

③ 整式の加法・減法(1) [教科書 p. 16]

p.16 **問** 10 次の2つの整式 A, B について，$A+B$ と $A-B$ を計算しなさい。

(1) $A = 4x^2 + 3x - 1$, $B = x^2 - x - 2$

$A+B$

$A-B$

(2) $A = -x^2 + 5x + 2$, $B = 2x^2 + 4x - 3$

$A+B$

$A-B$

(3) $A = x^2 + 4x - 3$, $B = -2x^2 - 4x$

$A+B$

$A-B$

練習問題

① 次の2つの整式 A, B について，$A+B$ と $A-B$ を計算しなさい。

(1)　$A = 2x^2 - x + 3$, $B = x^2 + 2x + 1$

　　$A+B$

　　$A-B$

(2)　$A = -3x^2 + 2x + 5$, $B = 2x^2 - 3x + 6$

　　$A+B$

　　$A-B$

(3)　$A = 5x^2 - 7x + 3$, $B = -2x^2 + 7x$

　　$A+B$

　　$A-B$

検

10

④ 整式の加法・減法(2) [教科書 p. 17]

p.17 **問** 11　$A = 4x^2 + 2x - 5$, $B = 3x^2 - x + 1$ のとき，次の計算をしなさい。

(1)　$3A$

(2)　$2A + 3B$

(3)　$-2A + 5B$

(4)　$-A - 3B$

練習問題

① $A = 3x^2 - 2x + 1$, $B = 2x^2 + x - 3$ のとき，次の計算をしなさい。

(1) $2A$

(2) $3A - 2B$

(3) $-A + 2B$

(4) $-2A - 5B$

検

12

⑤ 整式の加法・減法(3) [教科書 p. 17]

p.17 **プラス問題 1** $A = 3x^2 - x + 2$, $B = 2x^2 + 3x - 4$ のとき，次の計算をしなさい。

(1) $A + B$

(2) $A - B$

(3) $3A + 2B$

(4) $2A - 3B$

up (5) $4(2A - B) - (6A - 5B)$

up (6) $8(3B - A) + 6(A - 4B)$

up (7) $5(5A + 4B) - 7(4A + 3B)$

練習問題

① $A = 3x^2 - 2x - 4$, $B = x^2 + x - 2$ のとき，次の計算をしなさい。

(1) $A + B$

(2) $A - B$

(3) $4A + 3B$

(4) $2A - 6B$

up↑(5) $5(A - B) - (4A - 3B)$

up↑(6) $6(2B + A) - 3(A + 4B)$

up↑(7) $4(4A + 3B) - 3(5A + 3B)$

検

⑥ 整式の乗法(1) [教科書 p. 18〜20]

p.18 問 12 指数法則を用いて計算しなさい。

(1) $x^4 \times x^5$

(2) $y \times y^5$

(3) $(x^7)^3$

(4) $(xy)^5$

---

p.19 問 13 次の計算をしなさい。

(1) $4x^2 \times 3x^4$

(2) $3a^4 \times (-2a^3)$

(3) $x^2 y^3 \times 3x^3 y$

(4) $2a^2 b \times (-3ab)$

(5) $(3x^2 y^3)^2$

(6) $(-3ab^2)^3$

(7) $(4x^2 y)^2 \times (-2xy^2)$

(8) $(-ab^3)^2 \times 2a^3 b \times (-3a^2 b^2)$

---

p.19 プラス問題 ② 次の計算をしなさい。

(1) $(-5a^2) \times (-6a^4)$

(2) $-7x^2 y^4 \times (-xy^3)^2$

(3) $3x^3 \times (-2x^2) \times 5x$

(4) $(-3x^2 yz^3)^3$

(5) $(a^2 b)^2 \times (-2ab)^3$

(6) $(-2x^2 y)^2 \times 3xy^3 \times (-x^2 y^2)^3$

---

p.20 問 14 次の式を展開しなさい。

(1) $5x(2x-3)$

(2) $-x(3x+4)$

(3) $(3x+1) \times 2x^2$

(4) $(x-4) \times (-3x)$

(5) $2x(x^2-3x+1)$

(6) $-3x^2(2x^2+5x-3)$

(7) $(x^2-4x+3) \times 7x^3$

(8) $(2x^2+3x-5) \times (-4x)$

練習問題

① 指数法則を用いて計算しなさい。

(1) $x^5 \times x^7$

(2) $y^4 \times y$

(3) $(x^2)^3$

(4) $(xy)^3$

② 次の計算をしなさい。

(1) $5x^2 \times 2x^3$

(2) $2a^4 \times (-4a^5)$

(3) $3x^2y \times xy^2$

(4) $2ab^2 \times (-5a^3b)$

(5) $(4x^3y^2)^2$

(6) $(-2a^2b^3)^3$

(7) $(3xy^2)^2 \times (-4x^2y)$

(8) $(-a^2b)^2 \times (-2ab^3) \times 4a^3b^2$

③ 次の計算をしなさい。

(1) $(-4a^3) \times 2a^5$

(2) $-5xy^3 \times (-x^2y)^3$

(3) $4x^3 \times (-3x) \times x^4$

(4) $(2x^3y^2z)^3$

(5) $(ab^2)^2 \times (-3ab)^2$

(6) $2x^3y \times (-3xy^2) \times (-xy^2)^3$

④ 次の式を展開しなさい。

(1) $2x(3x-1)$

(2) $-3x(4x+1)$

(3) $(2x-3) \times 4x^2$

(4) $(x+2) \times (-5x)$

(5) $3x(x^2+2x-1)$

(6) $-4x^2(3x^2-2x-1)$

(7) $(x^2-2x+3) \times 2x^3$

(8) $(3x^2-x+1) \times (-2x)$

検

16

⑦ 整式の乗法(2) [教科書 p.21]

p.21 **問** 15 次の式を展開しなさい。

(1) $(x+3)(3x+4)$

(2) $(3x+1)(x-2)$

(3) $(x-3)(2x+5)$

(4) $(2x-3)(4x-1)$

p.21 **問** 16 次の式を展開しなさい。

(1) $(x+2)(x^2+3x+3)$

(2) $(x-2)(x^2+x-4)$

(3) $(2x+5)(x^2-3x-1)$

(4) $(2x-1)(4x^2+2x+3)$

p.21 **プラス問題③** 次の式を展開しなさい。

(1) $(x^2-xy-y^2)\times(-3xy)$

(2) $(3x^2-2)(3x^2+2)$

(3) $(2x-4)(x^2+2x+1)$

up↟(4) $(x^2-x-3)(3x-2)$

練習問題

① 次の式を展開しなさい。

(1) $(x+2)(4x+1)$

(2) $(3x-4)(x+1)$

(3) $(x-4)(3x+2)$

(4) $(3x-2)(4x-3)$

② 次の式を展開しなさい。

(1) $(x+1)(x^2-2x+4)$

(2) $(x-3)(x^2+2x+1)$

(3) $(3x+1)(x^2+2x-5)$

(4) $(6x-3)(2x^2+x+1)$

③ 次の式を展開しなさい。

(1) $(3x^2+2xy-y^2)\times(-xy)$

(2) $(2x^2-1)(2x^2+1)$

(3) $(3x-6)(2x^2+4x+1)$

up⬆(4) $(x^2-2x+2)(2x-3)$

検

⑧ 乗法公式による展開(1) [教科書 p.22〜23]

p.22 **問** 17 次の式を展開しなさい。

(1) $(x+2)(x-2)$

(2) $(3x+1)(3x-1)$

p.22 **問** 18 次の式を展開しなさい。

(1) $(x+3)^2$

(2) $(5x+2)^2$

(3) $(x-5)^2$

(4) $(3x-4)^2$

p.23 **問** 19 次の式を展開しなさい。

(1) $(x+2)(x+5)$

(2) $(x+4)(x-1)$

(3) $(x-7)(x+6)$

(4) $(x-3)(x-5)$

p.23 **問** 20 次の式を展開しなさい。

(1) $(2x+1)(3x+5)$

(2) $(x-2)(2x+1)$

(3) $(3x+1)(2x-5)$

(4) $(2x-1)(3x-2)$

p.23 **プラス問題 4** 次の式を展開しなさい。

(1) $(4x-5)(4x+5)$

(2) $(2x+3y)(2x-3y)$

(3) $(x+6)^2$

(4) $(2x+y)^2$

(5) $(2x-5)^2$

(6) $(3x-2y)^2$

(7) $(x-8)(x+7)$

(8) $(x+y)(x+2y)$

(9) $(2x+3)(3x-1)$

(10) $(x-3y)(2x+y)$

練習問題

① 次の式を展開しなさい。

(1) $(x+7)(x-7)$

(2) $(4x+1)(4x-1)$

② 次の式を展開しなさい。

(1) $(x+7)^2$

(2) $(3x+5)^2$

(3) $(x-3)^2$

(4) $(5x-2)^2$

③ 次の式を展開しなさい。

(1) $(x+3)(x+6)$

(2) $(x+5)(x-3)$

(3) $(x-3)(x+1)$

(4) $(x-2)(x-5)$

④ 次の式を展開しなさい。

(1) $(2x+1)(x+1)$

(2) $(x-2)(3x+1)$

(3) $(4x+3)(2x-3)$

(4) $(3x-2)(4x-3)$

⑤ 次の式を展開しなさい。

(1) $(3x-7)(3x+7)$

(2) $(5x+2y)(5x-2y)$

(3) $(x-7)^2$

(4) $(3x+y)^2$

(5) $(4x-3)^2$

(6) $(5x-2y)^2$

(7) $(x-9)(x+8)$

(8) $(x-3y)(x-2y)$

(9) $(3x+2)(4x-1)$

(10) $(2x-y)(x-2y)$

検

20

⑨ 乗法公式による展開(2) [教科書 p.24]

p.24 **問** 21 次の式を展開しなさい。

(1) $(x+2y+4)(x+2y-4)$

(2) $(x+y+2)^2$

(3) $(x+y-2)(x+y+3)$

(4) $(x-2y+1)(x-2y-2)$

練習問題

① 次の式を展開しなさい。

(1) $(x+3y+2)(x+3y-2)$

(2) $(x+y-3)^2$

(3) $(x+y+4)(x+y-2)$

(4) $(x-3y+2)(x-3y-4)$

検

⑩ 因数分解(1) [教科書 p. 25〜26]

p.25 問 **22** 次の式を因数分解しなさい。

(1) $x^2 + 5x$

(2) $x^2 - x$

(3) $2ab - 2ac$

(4) $2a^2 + 4a$

(5) $2ab^2 - ab$

(6) $8x^2y - 6xy$

p.26 問 **23** 次の式を因数分解しなさい。

(1) $x^2 - 4$

(2) $16x^2 - 1$

(3) $9x^2 - 25$

p.26 問 **24** 次の式を因数分解しなさい。

(1) $x^2 + 10x + 25$

(2) $x^2 + 14x + 49$

(3) $x^2 - 12x + 36$

(4) $x^2 - 16x + 64$

p.26 **プラス問題 5** 次の式を因数分解しなさい。

(1) $x^2 - 9$

up⬆(2) $x^2 - 4y^2$

(3) $x^2 + 6x + 9$

up⬆(4) $x^2 - 4xy + 4y^2$

練習問題

① 次の式を因数分解しなさい。

(1) $x^2 + 2x$

(2) $x^2 - 3x$

(3) $3ab - 3bc$

(4) $3a^2 - 6a$

(5) $5a^2b + ab^2$

(6) $4xy^2 - 6xy$

② 次の式を因数分解しなさい。

(1) $x^2 - 16$

(2) $4x^2 - 1$

(3) $25x^2 - 4$

③ 次の式を因数分解しなさい。

(1) $x^2 + 2x + 1$

(2) $x^2 + 8x + 16$

(3) $x^2 - 10x + 25$

(4) $x^2 - 14x + 49$

④ 次の式を因数分解しなさい。

(1) $x^2 - 49$

up⬆ (2) $x^2 - 9y^2$

(3) $x^2 + 4x + 4$

up⬆ (4) $x^2 - 8xy + 16y^2$

検

⑪因数分解(2) [教科書 p. 27〜29]

p.27 **問25** 次の式を因数分解しなさい。

(1) $x^2 + 3x + 2$ (2) $x^2 - 4x + 3$

(3) $x^2 + 6x - 7$ (4) $x^2 - 4x - 5$

p.27 **問26** 次の式を因数分解しなさい。

(1) $x^2 + 5x + 4$ (2) $x^2 - x - 6$

(3) $x^2 + 3x - 10$ (4) $x^2 - 6x + 8$

p.27 **プラス問題6** 次の式を因数分解しなさい。

(1) $x^2 + 4x - 12$ up⬆(2) $x^2 + 5xy + 4y^2$

up⬆(3) $x^2 - xy - 12y^2$

p.29 **問27** 次の ☐ にあてはまる数や式を入れて因数分解しなさい。

(1) $3x^2 - 4x - 7$ (2) $5x^2 + x - 6$

$$
\begin{array}{ccc}
3 & -7 \\
1 \diagdown \boxed{} \rightarrow \boxed{} \\
3 \diagup \boxed{} \rightarrow \boxed{} (+ \\
& -4
\end{array}
\qquad
\begin{array}{ccc}
5 & -6 \\
1 \diagdown \boxed{} \rightarrow \boxed{} \\
5 \diagup \boxed{} \rightarrow \boxed{} (+ \\
& 1
\end{array}
$$

よって $3x^2 - 4x - 7$
$= (\boxed{})(\boxed{})$

よって $5x^2 + x - 6$
$= (\boxed{})(\boxed{})$

練習問題

① 次の式を因数分解しなさい。

(1) $x^2 + 4x + 3$

(2) $x^2 - 6x + 5$

(3) $x^2 + 2x - 3$

(4) $x^2 - 2x - 3$

② 次の式を因数分解しなさい。

(1) $x^2 + 7x + 10$

(2) $x^2 - 11x + 10$

(3) $x^2 - 5x - 14$

(4) $x^2 + 3x - 18$

③ 次の式を因数分解しなさい。

(1) $x^2 + x - 12$

up⬆ (2) $x^2 + 7xy + 6y^2$

up⬆ (3) $x^2 - 3xy - 10y^2$

④ 次の ☐ にあてはまる数や式を入れて因数分解しなさい。

(1) $3x^2 - 2x - 5$

(2) $5x^2 + 7x - 6$

$$
\begin{array}{cc}
3 & -5 \\
1 \diagdown \boxed{} \rightarrow \boxed{} \\
3 \diagup \boxed{} \rightarrow \boxed{} \, (+ \\
\hline
-2
\end{array}
$$

$$
\begin{array}{cc}
5 & -6 \\
1 \diagdown \boxed{} \rightarrow \boxed{} \\
5 \diagup \boxed{} \rightarrow \boxed{} \, (+ \\
\hline
7
\end{array}
$$

よって　$3x^2 - 2x - 5$
　$= (\boxed{})(\boxed{})$

よって　$5x^2 + 7x - 6$
　$= (\boxed{})(\boxed{})$

検

⑫ 因数分解(3) [教科書 p. 29]

p.29 問 28 次の式を因数分解しなさい。

(1) $2x^2 + 5x + 3$

(2) $3x^2 + x - 2$

(3) $5x^2 - 7x + 2$

(4) $5x^2 - 9x - 2$

(5) $2x^2 + 9x - 5$

(6) $2x^2 - 3x - 5$

(7) $3x^2 + 8x + 4$

(8) $2x^2 - 13x + 6$

練習問題

① 次の式を因数分解しなさい。

(1) $3x^2 + 5x + 2$

(2) $2x^2 + x - 3$

(3) $3x^2 - 10x + 3$

(4) $2x^2 - 3x - 2$

(5) $5x^2 + 14x - 3$

(6) $3x^2 - 5x - 2$

(7) $5x^2 - 12x + 4$

(8) $3x^2 - 11x + 6$

検

28

⑬ 因数分解(4) [教科書 p. 29〜30]

p.29 **プラス問題 7**　次の式を因数分解しなさい。

(1)　$7x^2 - 15x + 2$

(2)　$5x^2 - x - 4$

(3)　$2x^2 + x - 15$

(4)　$6x^2 + 17x + 5$

up⬆ (5)　$4x^2 - 16x + 15$

up⬆ (6)　$6x^2 - 11xy - 2y^2$

p.30 **問 29**　次の式を因数分解しなさい。

(1)　$(x+y)^2 - 4$

(2)　$(2x-y)^2 + 3(2x-y) + 2$

p.30 **問 30**　次の式を因数分解しなさい。

(1)　$xy + 2x + y + 2$

(2)　$xy - 3x - 2y + 6$

練習問題

① 次の式を因数分解しなさい。

(1) $5x^2 - 12x + 7$

(2) $7x^2 - 12x - 4$

(3) $7x^2 + 11x - 6$

(4) $6x^2 + 17x + 7$

up⬆ (5) $6x^2 + x - 15$

up⬆ (6) $8x^2 - 5xy - 3y^2$

② 次の式を因数分解しなさい。

(1) $(x-y)^2 - 9$

(2) $(x-2y)^2 + 4(x-2y) + 3$

③ 次の式を因数分解しなさい。

(1) $xy + x + y + 1$

(2) $xy + 2x - 4y - 8$

検

Exercise [教科書 p. 31]

1 $A = 3x^2 - x + 2$, $B = -2x^2 + 5x - 4$, $C = x^2 - 3x + 1$ のとき, 次の式を計算しなさい。

(1) $A + B$

(2) $A - C$

(3) $2A + 3B$

up (4) $(A - B) + (C - A)$

2 整式 $3x^2 - 6x - 4$ に, ある整式 A をたしたら $-5x^2 + x - 3$ となった。整式 A を求めなさい。

3 次の計算をしなさい。

(1) $a^6 \times a^5$

(2) $a^2 b \times a b^4$

(3) $3x^2 \times 4x^5$

(4) $2x^2 y \times (-3xy^3)$

(5) $2x \times (-3x)^2$

(6) $(-3a^3 b^2)^3$

4 次の式を展開しなさい。

(1) $(x+9)(x-9)$

(2) $(7x-2y)(7x+2y)$

(3) $(5x-3)^2$

(4) $(x-2)(x+6)$

(5) $(3x-2)(x+1)$

(6) $(4x-3)(5x-1)$

(7) $(a-b+4)^2$

(8) $(x-y-3)(x-y+1)$

検

5 次の式を因数分解しなさい。

(1) $a^2 + 7a$

(2) $x^2 - 36$

(3) $4x^2 + 12x + 9$

(4) $a^2 + 7a - 18$

(5) $4x^2 - 5x + 1$

(6) $3a^2 - 17a + 10$

(7) $6x^2 + x - 2$

(8) $5a^2 - 6a - 8$

(9) $4x^2 - (x+1)^2$

(10) $ab - 3b - a + 3$

考えてみよう！　$A = x + y$, $B = x - y$ のとき，次の式を計算する方法を考えてみよう。

また，実際に計算してみよう。

(1)　$A^2B + AB^2$

(2)　$A^2 + B^2$

検

⑭ 平方根とその計算(1) [教科書 p. 32〜33]

p.32 **問 1** 次の値を求めなさい。

(1) $\sqrt{25}$

(2) $-\sqrt{16}$

(3) 3 の平方根

(4) 4 の平方根

p.33 **問 2** 次の数を簡単にしなさい。

(1) $(\sqrt{5})^2$

(2) $\sqrt{3^2}$

(3) $\sqrt{3} \times \sqrt{7}$

(4) $\dfrac{\sqrt{10}}{\sqrt{5}}$

p.33 **問 3** 次の数を簡単にしなさい。

(1) $\sqrt{28}$

(2) $\sqrt{32}$

(3) $\sqrt{45}$

p.33 **問 4** 次の計算をしなさい。

(1) $5\sqrt{2} - 3\sqrt{2}$

(2) $2\sqrt{3} + \sqrt{5} + \sqrt{3} - 2\sqrt{5}$

(3) $\sqrt{12} - \sqrt{48} + \sqrt{27}$

(4) $\sqrt{20} - \sqrt{18} + \sqrt{5} - \sqrt{8}$

練習問題

① 次の値を求めなさい。

(1) $\sqrt{36}$

(2) $-\sqrt{49}$

(3) 7 の平方根

(4) 25 の平方根

② 次の数を簡単にしなさい。

(1) $(\sqrt{3})^2$

(2) $\sqrt{5^2}$

(3) $\sqrt{2} \times \sqrt{7}$

(4) $\dfrac{\sqrt{15}}{\sqrt{3}}$

③ 次の数を簡単にしなさい。

(1) $\sqrt{12}$

(2) $\sqrt{27}$

(3) $\sqrt{80}$

④ 次の計算をしなさい。

(1) $4\sqrt{3} + 7\sqrt{3}$

(2) $3\sqrt{2} - \sqrt{7} + 2\sqrt{2} + 4\sqrt{7}$

(3) $\sqrt{50} - \sqrt{18} + \sqrt{8}$

(4) $\sqrt{32} - \sqrt{48} - \sqrt{18} + \sqrt{75}$

検

36

⑮平方根とその計算(2) [教科書 p. 34〜35]

p.34 **問 5** 次の計算をしなさい。

(1) $\sqrt{3}(\sqrt{5} - 2\sqrt{3})$

(2) $(3\sqrt{5} + 2)(\sqrt{5} - 2)$

(3) $(\sqrt{3} + 2)(\sqrt{3} - 2)$

(4) $(2\sqrt{3} + \sqrt{7})(2\sqrt{3} - \sqrt{7})$

(5) $(\sqrt{5} - 1)^2$

(6) $(\sqrt{3} + \sqrt{2})^2$

p.34 **問 6** 次の数の分母を有理化しなさい。

(1) $\dfrac{1}{\sqrt{3}}$

(2) $\dfrac{10}{\sqrt{5}}$

(3) $\dfrac{2}{3\sqrt{2}}$

(4) $\dfrac{4\sqrt{5}}{7\sqrt{2}}$

p.35 **問 7** 次の数の分母を有理化しなさい。

(1) $\dfrac{1}{\sqrt{3} + 1}$

(2) $\dfrac{1}{\sqrt{5} - \sqrt{2}}$

(3) $\dfrac{1}{2 - \sqrt{3}}$

(4) $\dfrac{6}{\sqrt{6} - 2}$

(5) $\dfrac{2}{\sqrt{7} + \sqrt{3}}$

(6) $\dfrac{7}{\sqrt{10} - \sqrt{3}}$

練習問題

① 次の計算をしなさい。

(1) $\sqrt{3}(\sqrt{2} + 2\sqrt{3})$

(2) $(\sqrt{6} + 3)(2\sqrt{6} - 3)$

(3) $(\sqrt{10} + 3)(\sqrt{10} - 3)$

(4) $(2\sqrt{5} + \sqrt{6})(2\sqrt{5} - \sqrt{6})$

(5) $(\sqrt{7} - 2)^2$

(6) $(\sqrt{5} - \sqrt{3})^2$

② 次の数の分母を有理化しなさい。

(1) $\dfrac{1}{\sqrt{7}}$

(2) $\dfrac{6}{\sqrt{3}}$

(3) $\dfrac{3}{2\sqrt{3}}$

(4) $\dfrac{3\sqrt{2}}{4\sqrt{3}}$

③ 次の数の分母を有理化しなさい。

(1) $\dfrac{1}{\sqrt{6} + 1}$

(2) $\dfrac{1}{\sqrt{2} - 1}$

(3) $\dfrac{1}{3 - \sqrt{7}}$

(4) $\dfrac{9}{\sqrt{7} - 2}$

(5) $\dfrac{2}{\sqrt{11} + \sqrt{5}}$

(6) $\dfrac{5}{\sqrt{7} + \sqrt{2}}$

検

⑯ 実数 [教科書 p. 36〜40]

p.37　**問** 8　次の小数を分数で表しなさい。

(1)　0.6

(2)　0.54

(3)　0.88

(4)　0.325

p.38　**問** 9　次の中から，有限小数になる分数を選びなさい。

$$\frac{5}{7}, \quad \frac{17}{25}, \quad \frac{13}{36}, \quad \frac{33}{40}, \quad \frac{21}{32}, \quad \frac{37}{45}$$

p.38　**問** 10　次の分数を循環小数で表しなさい。

(1)　$\frac{4}{9}$

(2)　$\frac{9}{11}$

(3)　$\frac{7}{15}$

(4)　$\frac{18}{37}$

p.39　**問** 11　次の循環小数を分数で表しなさい。

(1)　$0.\dot{5}$

(2)　$0.\dot{1}\dot{3}$

(3)　$0.\dot{5}\dot{7}$

p.40　**問** 12　次の中から，(1)〜(4)の数をそれぞれすべて選びなさい。

$$4, \quad \sqrt{3}, \quad -\frac{5}{6}, \quad 0, \quad -5, \quad 2\pi, \quad \frac{9}{7}, \quad \frac{\sqrt{2}}{2}, \quad 0.8$$

(1)　自然数

(2)　整数

(3)　有理数

(4)　無理数

練習問題

① 次の小数を分数で表しなさい。

(1) 0.8

(2) 0.34

(3) 0.72

(4) 0.475

② 次の中から，有限小数になる分数を選びなさい。

$$\frac{9}{20}, \quad \frac{17}{18}, \quad \frac{3}{25}, \quad \frac{7}{45}, \quad \frac{3}{64}$$

③ 次の分数を循環小数で表しなさい。

(1) $\frac{5}{9}$

(2) $\frac{8}{11}$

(3) $\frac{4}{15}$

(4) $\frac{35}{37}$

④ 次の循環小数を分数で表しなさい。

(1) $0.\dot{2}$

(2) $0.\dot{2}\dot{7}$

(3) $0.1\dot{5}$

⑤ 次の中から，(1)〜(4)の数をそれぞれすべて選びなさい。

$$2, \quad -\sqrt{5}, \quad \frac{1}{3}, \quad 0, \quad -7, \quad \pi, \quad \frac{\sqrt{2}}{3}, \quad 0.5, \quad -\frac{3}{4}$$

(1) 自然数

(2) 整数

(3) 有理数

(4) 無理数

検

40

Exercise [教科書 p. 41]

❶ 次の計算をしなさい。

(1) $\sqrt{7} + 5\sqrt{7}$

(2) $\sqrt{3} - \sqrt{27}$

(3) $\sqrt{3} - 5\sqrt{3} + 7\sqrt{3}$

(4) $8\sqrt{2} + \sqrt{5} - 4\sqrt{2} - 3\sqrt{5}$

(5) $\sqrt{24} - \sqrt{54} - \sqrt{96}$

(6) $(3\sqrt{2} + 2\sqrt{5})(3\sqrt{2} - 2\sqrt{5})$

(7) $(\sqrt{3} - 2\sqrt{2})^2$

(8) $(3\sqrt{5} - 2\sqrt{7})(2\sqrt{5} + 3\sqrt{7})$

❷ 次の数の分母を有理化しなさい。

(1) $\dfrac{5}{\sqrt{6}}$

(2) $\dfrac{1}{\sqrt{27}}$

(3) $\dfrac{1}{\sqrt{2} + 1}$

(4) $\dfrac{2}{\sqrt{11} - \sqrt{7}}$

❸ 次の中から，有限小数になる分数を選びなさい。

$\dfrac{3}{14}$, $\dfrac{11}{18}$, $\dfrac{37}{50}$, $\dfrac{13}{35}$, $\dfrac{9}{125}$, $\dfrac{49}{64}$, $\dfrac{17}{55}$

4 次の分数を循環小数で表しなさい。

(1) $\dfrac{13}{18}$

(2) $\dfrac{7}{12}$

(3) $\dfrac{31}{33}$

(4) $\dfrac{25}{27}$

5 次の循環小数を分数で表しなさい。

(1) $0.\dot{4}$

(2) $0.\dot{2}\dot{3}$

(3) $0.5\dot{1}$

up⬆ (4) $0.5\dot{1}$

考えてみよう！ ▶ $a=\sqrt{7}+\sqrt{2}$, $b=\sqrt{7}-\sqrt{2}$ とするとき，次の式の値の求め方を考えてみよう。
また，実際に求めてみよう。

(1) a^2b+ab^2

(2) a^2-b^2

(3) a^2+b^2

検

42

⑰ 1次方程式 [教科書 p. 42〜43]

p.42 **問 1** 次の1次方程式を解きなさい。

(1) $3x + 5 = 20$　　(2) $2x - 7 = 1$　　(3) $2x - 1 = -9$

(4) $-4x - 9 = 3$　　(5) $-2 - 3x = -8$　　(6) $5x + 2 = 2$

p.43 **問 2** 次の1次方程式を解きなさい。

(1) $7x + 20 = 2x + 5$　　(2) $3x - 2 = 5x$

(3) $3x + 1 = x + 4$　　(4) $2(x + 3) = 18 - 4x$

(5) $4x - 1 = 3(x - 1)$　　(6) $x + 2(3 - x) = 2x$

p.43 **問 3** ケーキ6個と130円のジュース2本を買った合計金額は，ケーキ4個と110円のドーナツ6個を買った合計金額と等しい。ケーキ1個の値段を求めなさい。

練習問題

① 次の1次方程式を解きなさい。

(1) $4x + 7 = 15$　　　　　(2) $3x - 7 = 2$　　　　　(3) $-3x + 2 = 8$

(4) $-6x - 7 = -9$　　　　(5) $-2 - 5x = -17$　　　(6) $-3x + 4 = 4$

② 次の1次方程式を解きなさい。

(1) $3x - 5 = -x + 3$　　　　　　　(2) $5x - 12 = 8x$

(3) $4x + 2 = 2x + 7$　　　　　　　(4) $3(x - 3) = 15 + 7x$

(5) $7x - 3 = 6(x + 2)$　　　　　　(6) $-2x + 3(6 - x) = x$

③ ケーキ5個と120円のジュース3本を買った合計金額は，ケーキ3個と150円のドーナツ6個を買った合計金額と等しい。ケーキ1個の値段を求めなさい。

検

⑱不等式・不等式の性質 [教科書 p. 44〜47]

p.44 **問 4** 次の数量の関係を不等式で表しなさい。

(1) ある数 x を 5 倍して 6 をたした数は，ある数の 7 倍未満である。

(2) 1 個 x 円のりんごを 8 個買って，200 円の箱に入れると，合計金額は 1500 円以上である。

p.45 **問 5** 次の不等式をみたす x の値の範囲を図示しなさい。

(1) $x > 2$ (2) $x < -1$

$\xrightarrow{\quad}$ −3 −2 −1 0 1 2 3 x $\xrightarrow{\quad}$ −3 −2 −1 0 1 2 3 x

(3) $x \geqq -2$ (4) $x \leqq 0$

$\xrightarrow{\quad}$ −3 −2 −1 0 1 2 3 x $\xrightarrow{\quad}$ −3 −2 −1 0 1 2 3 x

p.45 **問 6** 次の不等式をみたす x の値の範囲を図示しなさい。

(1) $-1 < x < 3$ (2) $-2 \leqq x \leqq 2$

$\xrightarrow{\quad}$ −3 −2 −1 0 1 2 3 x $\xrightarrow{\quad}$ −3 −2 −1 0 1 2 3 x

p.46 **問 7** $a < b$ のとき，次の □ にあてはまる不等号を入れなさい。

(1) $a + 3 \;\square\; b + 3$ (2) $a - 4 \;\square\; b - 4$

p.47 **問 8** $a < b$ のとき，次の □ にあてはまる不等号を入れなさい。

(1) $3a \;\square\; 3b$ (2) $-4a \;\square\; -4b$

(3) $\dfrac{a}{5} \;\square\; \dfrac{b}{5}$ (4) $\dfrac{a}{-6} \;\square\; \dfrac{b}{-6}$

練習問題

① 次の数量の関係を不等式で表しなさい。

(1) ある数 x を3倍して5をたした数は，ある数の2倍以下である。

(2) 1個 x 円のケーキを10個買って，100円の箱に入れると，合計金額は1500円より高い。

② 次の不等式をみたす x の値の範囲を図示しなさい。

(1) $x < -5$

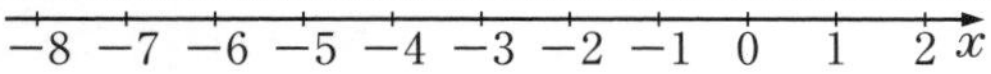

(2) $x \geqq -3$

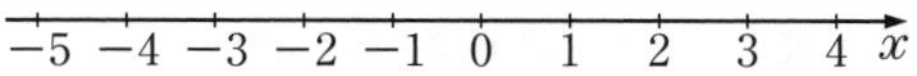

(3) $x \leqq 6$

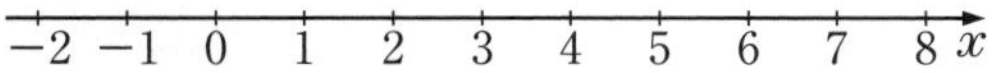

(4) $x > 7$

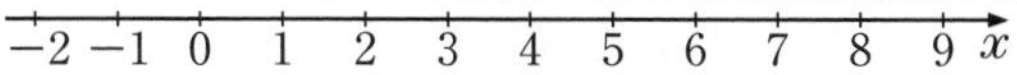

③ 次の不等式をみたす x の値の範囲を図示しなさい。

(1) $-2 < x \leqq 3$

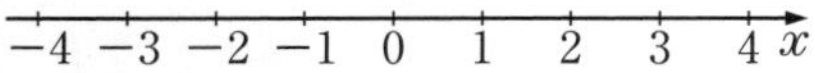

(2) $-3 \leqq x \leqq 3$

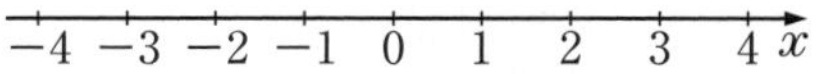

④ $a < b$ のとき，次の □ にあてはまる不等号を入れなさい。

(1) $a + 8 \ \square \ b + 8$

(2) $a - 6 \ \square \ b - 6$

⑤ $a < b$ のとき，次の □ にあてはまる不等号を入れなさい。

(1) $12a \ \square \ 12b$

(2) $-8a \ \square \ -8b$

(3) $\dfrac{a}{7} \ \square \ \dfrac{b}{7}$

(4) $\dfrac{a}{-9} \ \square \ \dfrac{b}{-9}$

検

46

⑲ 1 次不等式 [教科書 p. 48〜49]

p.48 　問 **9** 　次の 1 次不等式を解きなさい。

(1) $x - 5 \leqq 2$ 　　(2) $x - 1 > -3$ 　　(3) $x + 3 < -1$

(4) $x + 5 \geqq 0$ 　　(5) $5x > -20$ 　　(6) $3x \leqq 27$

(7) $-2x \geqq -10$ 　　(8) $-6x < 0$

p.49 　問 **10** 　次の 1 次不等式を解きなさい。

(1) $3x + 1 < 7$ 　　(2) $4x - 9 \geqq 3$

(3) $-2x - 1 \leqq -9$ 　　(4) $5x + 10 > 0$

p.49 　問 **11** 　次の 1 次不等式を解きなさい。

(1) $4x - 1 < x - 7$ 　　(2) $2x + 1 \leqq 4 - x$

(3) $5x + 2 \geqq 3x - 4$ 　　(4) $3x + 5 > 7x + 17$

(5) $-4x - 3 < x + 7$ 　　(6) $3x + 12 \geqq 5x + 9$

(7) $3(x - 3) \leqq x - 5$ 　　(8) $2(x + 4) > 3x + 4$

練習問題

① 次の 1 次不等式を解きなさい。

(1) $x - 6 < 3$　　(2) $x - 2 > -5$　　(3) $x + 8 < -5$

(4) $x + 7 \geqq 0$　　(5) $2x \geqq -16$　　(6) $4x < -20$

(7) $-3x \leqq 36$　　(8) $-4x > 0$

② 次の 1 次不等式を解きなさい。

(1) $5x - 4 < 6$　　(2) $2x - 7 \geqq -3$

(3) $3x + 5 \leqq 8$　　(4) $3x - 15 > 0$

③ 次の 1 次不等式を解きなさい。

(1) $5x - 4 < x + 8$　　(2) $3x - 2 \leqq 4 + x$

(3) $6x - 1 \geqq 2x - 9$　　(4) $2x + 5 > 4x - 1$

(5) $-3x - 12 > 7x - 2$　　(6) $5x - 2 > 8x + 5$

(7) $3(x - 5) \leqq 8x$　　(8) $4(x + 1) > 5x - 3$

検

⑳連立不等式・不等式の利用 [教科書 p. 50〜51]

p.50　問 12　次の連立不等式を解きなさい。

(1) $\begin{cases} x + 2 < 8 & \cdots\cdots① \\ 2x > 8 & \cdots\cdots② \end{cases}$

(2) $\begin{cases} x \leqq 2x + 6 & \cdots\cdots① \\ 3x - 1 \leqq x + 1 & \cdots\cdots② \end{cases}$

p.51　問 13　1700 円の花びんと 1 本 210 円のバラの花を何本か買って部屋に飾ることにした。代金を 3000 円以下にするには，バラの花は何本まで買えるか求めなさい。

練習問題

① 次の連立不等式を解きなさい。

(1) $\begin{cases} x+4 > 2 & \cdots\cdots① \\ 3x < 9 & \cdots\cdots② \end{cases}$

(2) $\begin{cases} 3x-2 \leqq 2x+5 & \cdots\cdots① \\ 5x+3 \geqq 3x-5 & \cdots\cdots② \end{cases}$

② 5gの封筒に，1枚4gの写真を何枚か入れて送ることにした。

全体の重さを50g以下にするには，写真は何枚まで入れられるか求めなさい。

検

50

Exercise [教科書 p. 52]

1 次の1次方程式を解きなさい。

(1) $3x - 4 = 2$

(2) $5x + 4 = 3x - 2$

(3) $3x - 1 = 6x + 8$

(4) $3(2x - 1) = 4x + 5$

(5) $3 - x = 2(3x + 5)$

(6) $2x - 9(2 - x) = 5 - (3 - x)$

2 次の1次不等式を解きなさい。

(1) $x - 3 \leqq 1$

(2) $2x > -8$

(3) $-3x \geqq 6$

(4) $\dfrac{x}{3} < 2$

3 次の 1 次不等式を解きなさい。

(1) $3x - 1 < 14$

(2) $1 - 4x \geqq 9$

(3) $5x - 7 > 3x + 1$

(4) $x - 2 \leqq 3x + 4$

up (5) $0.3x + 0.2 \geqq 0.1x - 1$

up (6) $1 - \dfrac{1}{2}x < -4$

検

4 次の連立不等式を解きなさい。

(1) $\begin{cases} x+1 > -2 & \cdots\cdots① \\ -3x > -6 & \cdots\cdots② \end{cases}$

(2) $\begin{cases} 5x-4 \leqq 2x+5 & \cdots\cdots① \\ 2x-1 \geqq 4x+3 & \cdots\cdots② \end{cases}$

(3) $\begin{cases} 4x \leqq 2(x+1) & \cdots\cdots① \\ 3x-1 < 5x+3 & \cdots\cdots② \end{cases}$

(4) $\begin{cases} x+7 < 3x-1 & \cdots\cdots① \\ 2(x-3) > x-5 & \cdots\cdots② \end{cases}$

考えてみよう！　文化祭のパンフレットをつくることになった。印刷代は 100 冊までは 23500 円，100 冊を超えた分については 1 冊ごとに 200 円かかる。

印刷代の予算額が 35000 円のとき，パンフレットは何冊までつくれるか考えてみよう。

検

54

㉑ 1次関数とそのグラフ [教科書 p.56〜59]

p.57 **問 1** 関数 $y = 3x - 5$ について，次の x の値に対応する関数の値を求めなさい。

(1) $x = 4$

(2) $x = -1$

p.57 **問 2** 地上から $1\,\text{km}$ 高くなるごとに，気温は $6\,℃$ ずつ下がるとする。ある町の地上の気温が $18\,℃$ のとき，この町の上空 $7\,\text{km}$ の気温を求めなさい。

p.59 **問 3** 次の ☐ にあてはまる数を入れ，グラフをかきなさい。

(1) $y = 2x - 1$ のグラフは

(2) $y = -x + 2$ のグラフは

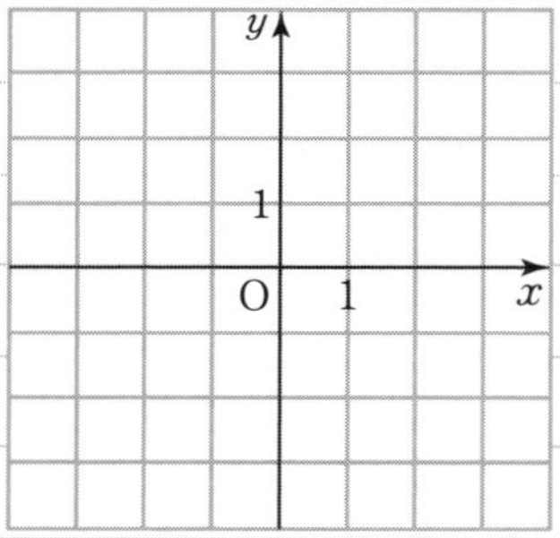

(3) $y = \dfrac{1}{2}x - 3$ のグラフは

傾き ☐ ，切片 ☐ の直線

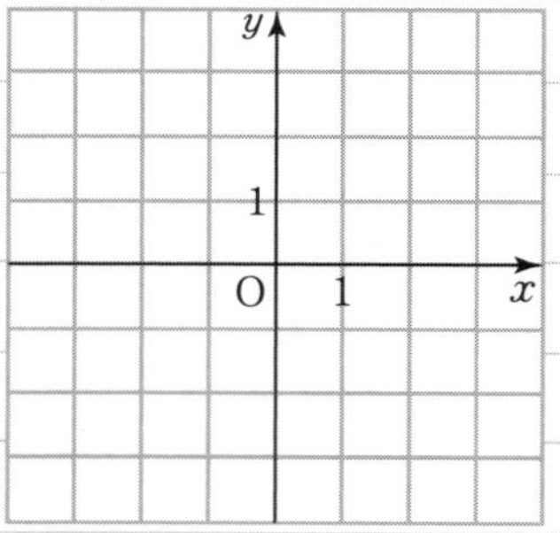

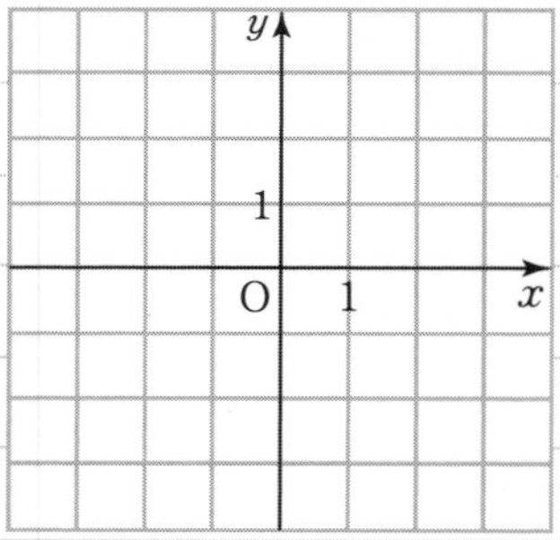

傾き ☐ ，切片 ☐ の直線

傾き ☐ ，切片 ☐ の直線

p.59 **問 4** 次の1次関数のグラフと，x 軸，y 軸との交点を求めなさい。

(1) $y = x + 4$

(2) $y = -x + 1$

(3) $y = 2x - 2$

(4) $y = -2x - 4$

練習問題

① 関数 $y = 25 - 4x$ について，次の x の値に対応する関数の値を求めなさい。

(1) $x = 5$

(2) $x = -5$

② 100 km 離れた場所まで 1 時間に 4 km の速さで歩く。

(1) 歩きはじめてから x 時間後の残りの距離を y km とするとき，y を x の式で表しなさい。

(2) 歩きはじめてから 10 時間後の残りの距離を求めなさい。

③ 次の □ にあてはまる数を入れ，グラフをかきなさい。

(1) $y = x - 2$ のグラフは

傾き □ ，

切片 □ の直線

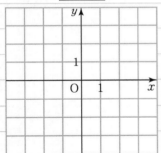

(2) $y = -2x + 1$ のグラフは

傾き □ ，

切片 □ の直線

(3) $y = -\dfrac{1}{2}x - 1$ のグラフは

傾き □ ，

切片 □ の直線

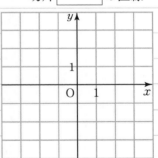

④ 次の 1 次関数のグラフと，x 軸，y 軸との交点を求めなさい。

(1) $y = x - 4$

(2) $y = -x - 2$

(3) $y = 3x + 6$

(4) $y = -3x - 3$

検

㉒ 2 次関数・$y = ax^2$ のグラフ [教科書 p. 60〜63]

p.60 問5　底面の半径が x cm，高さが 20 cm の円柱の体積を y cm³ とする。

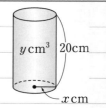

(1)　y を x の式で表しなさい。

(2)　(1)の式を用いて，底面の半径が 5 cm のときの円柱の体積を求めなさい。

p.63 問6　次の 2 次関数のグラフをかきなさい。

(1)　$y = \dfrac{1}{2}x^2$

(2)　$y = -2x^2$

練習問題

① 底面の半径が x cm，高さが 15 cm の円錐の体積を y cm^3 とする。

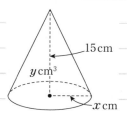

(1)　y を x の式で表しなさい。

(2)　(1)の式を用いて，底面の半径が 4 cm のときの円錐の体積を求めなさい。

② 次の2次関数のグラフをかきなさい。

(1)　$y = \dfrac{1}{3}x^2$

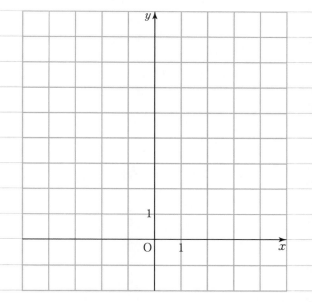

(2)　$y = -3x^2$

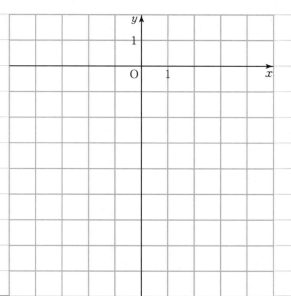

検

㉓ $y = ax^2 + q$ のグラフ [教科書 p.64〜65]

p.64 **問7** $y = 2x^2 - 2$ について，次の表をつくり，この関数のグラフを

右の図にかきなさい。

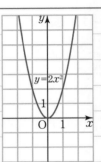

x	…	-3	-2	-1	0	1	2	3	…
$2x^2$	…	18	8	2	0	2	8	18	…
$2x^2 - 2$	…								…

p.65 **問8** 次の2次関数について □ にあてはまる数や式を入れ，そのグラフをかきなさい。

(1) $y = x^2 + 2$

この関数のグラフは，$y = x^2$ のグラフを

y 軸方向に □ だけ平行移動した放物線で

頂点は 点 (□ , □)

軸は y 軸である。

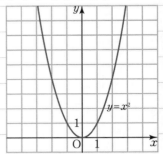

(2) $y = -2x^2 - 3$

この関数のグラフは，$y =$ □ のグラフを

y 軸方向に □ だけ平行移動した放物線で

頂点は 点 (□ , □)

軸は y 軸である。

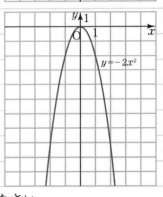

p.65 **問9** 次の2次関数のグラフの頂点と軸を求め，そのグラフをかきなさい。

(1) $y = 2x^2 - 1$

頂点は 点 (□ , □)

軸は □ である。

(2) $y = -x^2 + 4$

頂点は 点 (□ , □)

軸は □ である。

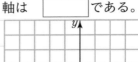

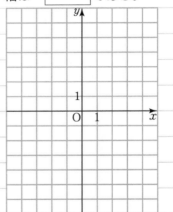

練習問題

① $y = -2x^2 + 3$ について，次の表をつくり，この関数のグラフを
右の図にかきなさい。

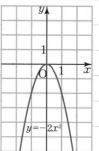

x	$\cdots$	-3	-2	-1	0	1	2	3	$\cdots$
$-2x^2$	$\cdots$	-18	-8	-2	0	-2	-8	-18	$\cdots$
$-2x^2+3$	$\cdots$								$\cdots$

② 次の2次関数について ☐ にあてはまる数や式を入れ，そのグラフをかきなさい。

(1) $y = x^2 - 3$

この関数のグラフは，$y = $ ☐ のグラフを

y 軸方向に ☐ だけ平行移動した放物線で

頂点は　点 (☐ , ☐)

軸は　y 軸である。

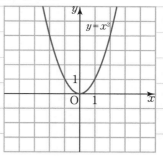

(2) $y = -2x^2 + 2$

この関数のグラフは，$y = $ ☐ のグラフを

y 軸方向に ☐ だけ平行移動した放物線で

頂点は　点 (☐ , ☐)

軸は　y 軸である。

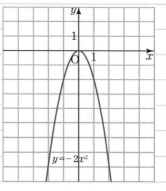

③ 次の2次関数のグラフの頂点と軸を求め，そのグラフをかきなさい。

(1) $y = 2x^2 + 2$

頂点は　点 (☐ , ☐)

軸は ☐ である。

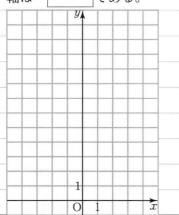

(2) $y = -x^2 - 1$

頂点は　点 (☐ , ☐)

軸は ☐ である。

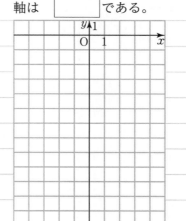

検

㉔ $y = a(x-p)^2$ のグラフ [教科書 p.66〜67]

p.66 問10 $y = 2(x+1)^2$ について，次の表をつくり，この関数のグラフを右の図にかきなさい。

x	$\cdots$	-3	-2	-1	0	1	2	3	$\cdots$
$2x^2$	$\cdots$	18	8	2	0	2	8	18	$\cdots$
$2(x+1)^2$	$\cdots$								$\cdots$

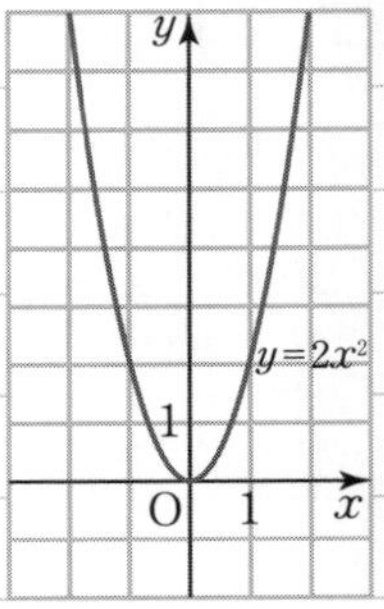

p.67 問11 次の2次関数について □ にあてはまる数や式を入れ，そのグラフをかきなさい。

(1) $y = 2(x-2)^2$

この関数のグラフは，$y = 2x^2$ のグラフを

x 軸方向に □ だけ平行移動した放物線で

頂点は 点(□ , □)

軸は 直線 $x =$ □ である。

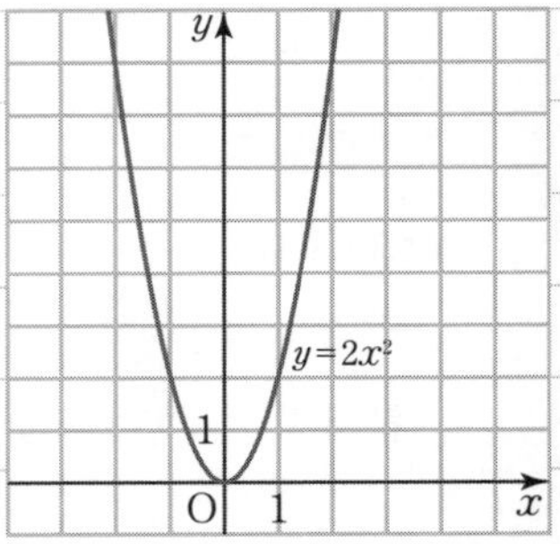

(2) $y = -(x+3)^2$

この関数のグラフは，$y =$ □ のグラフを

x 軸方向に □ だけ平行移動した放物線で

頂点は 点(□ , □)

軸は 直線 $x =$ □ である。

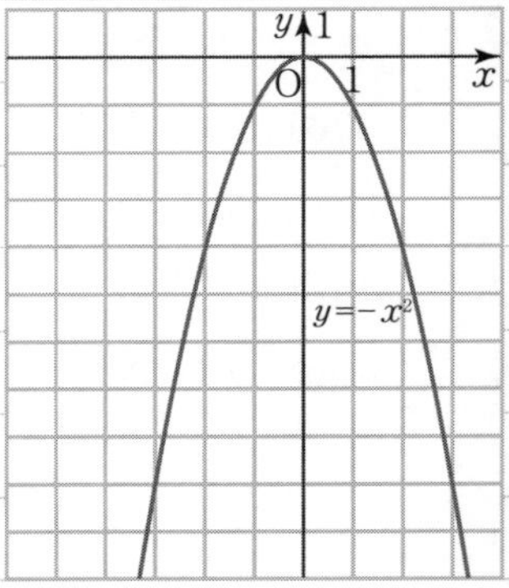

p.67 問12 次の2次関数のグラフの頂点と軸を求め，そのグラフをかきなさい。

(1) $y = (x+1)^2$

頂点は 点(□ , □)

軸は 直線 $x =$ □ である。

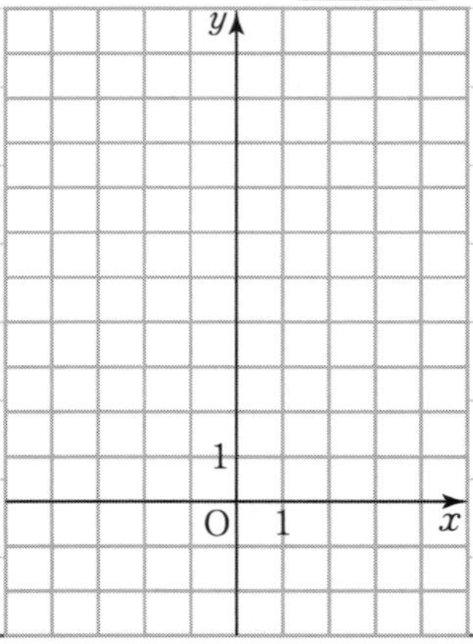

(2) $y = -2(x-1)^2$

頂点は 点(□ , □)

軸は 直線 $x =$ □ である。

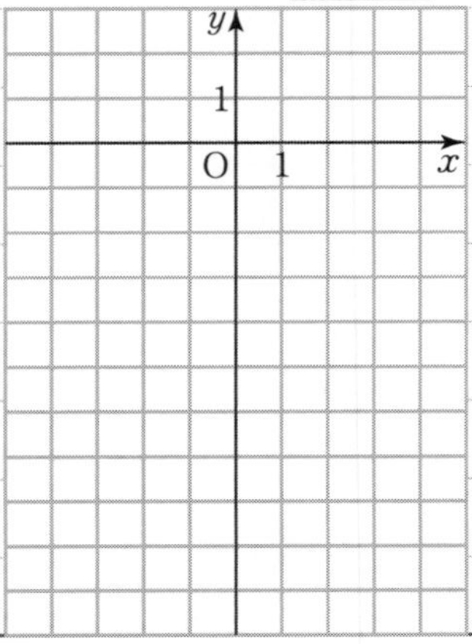

練習問題

① $y = -2(x-2)^2$ について，次の表をつくり，この関数のグラフを右の図に
かきなさい。

x	$\cdots$	-2	-1	0	1	2	3	4	$\cdots$
$-2x^2$	$\cdots$	-8	-2	0	-2	-8	-18	-32	$\cdots$
$-2(x-2)^2$	$\cdots$								$\cdots$

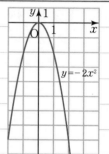

② 次の2次関数について $\boxed{}$ にあてはまる数や式を入れ，そのグラフをかきなさい。

(1) $y = (x-2)^2$

この関数のグラフは，$y = \boxed{}$ のグラフを

x 軸方向に $\boxed{}$ だけ平行移動した放物線で

頂点は 点 $(\boxed{}, \boxed{})$

軸は 直線 $x = \boxed{}$ である。

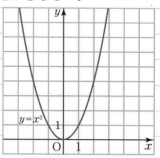

(2) $y = -2(x+1)^2$

この関数のグラフは，$y = \boxed{}$ のグラフを

x 軸方向に $\boxed{}$ だけ平行移動した放物線で

頂点は 点 $(\boxed{}, \boxed{})$

軸は 直線 $x = \boxed{}$ である。

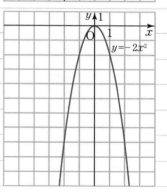

③ 次の2次関数のグラフの頂点と軸を求め，そのグラフをかきなさい。

(1) $y = 2(x+2)^2$

頂点は 点 $(\boxed{}, \boxed{})$

軸は 直線 $x = \boxed{}$ である。

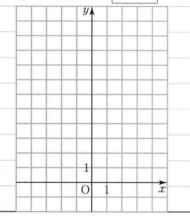

(2) $y = -(x-2)^2$

頂点は 点 $(\boxed{}, \boxed{})$

軸は 直線 $x = \boxed{}$ である。

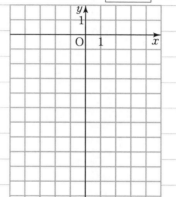

検

㉕ $y = a(x-p)^2 + q$ のグラフ [教科書 p.68〜69]

p.69 **問 13** 次の 2 次関数について □ にあてはまる数や式を入れ，そのグラフをかきなさい。

(1) $y = (x+1)^2 + 2$

この関数のグラフは，$y = x^2$ のグラフを

x 軸方向に □，y 軸方向に □

だけ平行移動した放物線で

頂点は 点 (□ , □)

軸は 直線 $x =$ □ である。

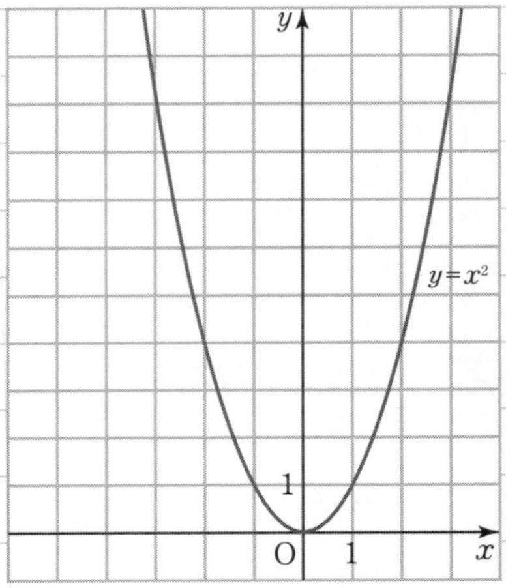

(2) $y = -2(x-3)^2 + 1$

この関数のグラフは，$y =$ □ のグラフを

x 軸方向に □，y 軸方向に □

だけ平行移動した放物線で

頂点は 点 (□ , □)

軸は 直線 $x =$ □ である。

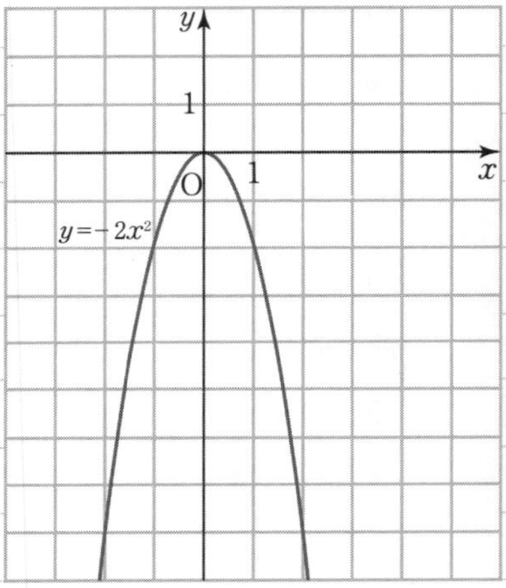

p.69 **問 14** 次の 2 次関数のグラフの頂点と軸を求め，そのグラフをかきなさい。

(1) $y = 2(x-2)^2 - 3$

頂点は 点 (□ , □)

軸は 直線 $x =$ □ である。

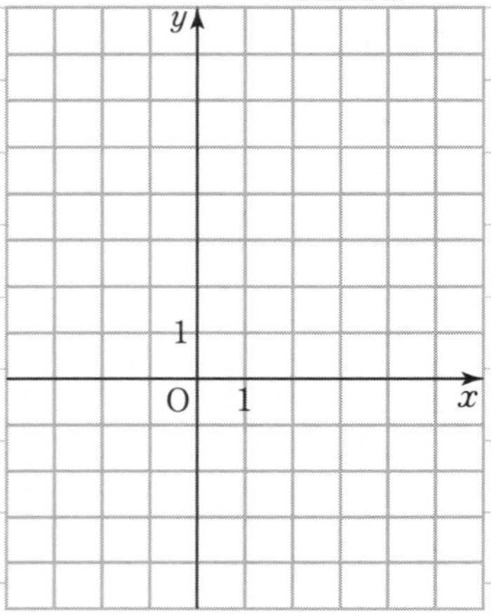

(2) $y = -(x+1)^2 + 4$

頂点は 点 (□ , □)

軸は 直線 $x =$ □ である。

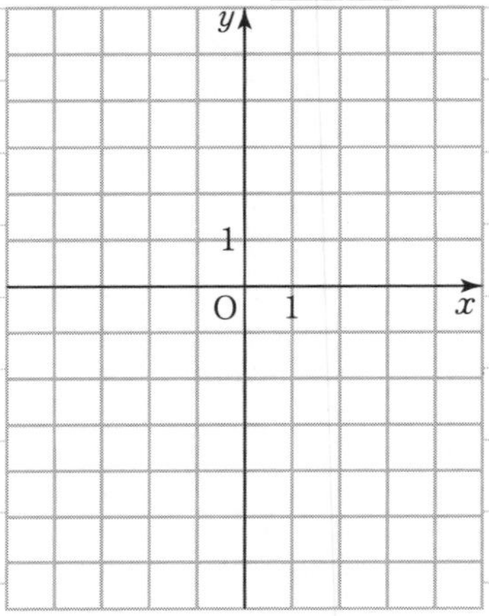

練習問題

① 次の 2 次関数について ◻ にあてはまる数や式を入れ，そのグラフをかきなさい。

(1)　$y = 2(x-1)^2 - 2$

この関数のグラフは，$y = 2x^2$ のグラフを

x 軸方向に ◻ ，y 軸方向に ◻

だけ平行移動した放物線で

頂点は　点 (◻ , ◻)

軸は　直線 $x =$ ◻ である。

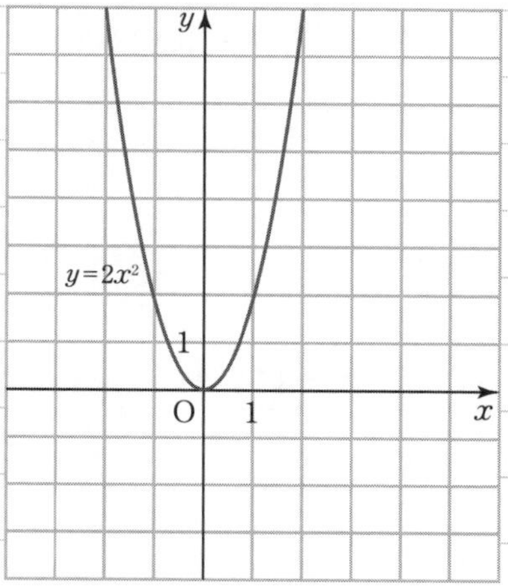

(2)　$y = -(x+2)^2 + 3$

この関数のグラフは，$y =$ ◻ のグラフを

x 軸方向に ◻ ，y 軸方向に ◻

だけ平行移動した放物線で

頂点は　点 (◻ , ◻)

軸は　直線 $x =$ ◻ である。

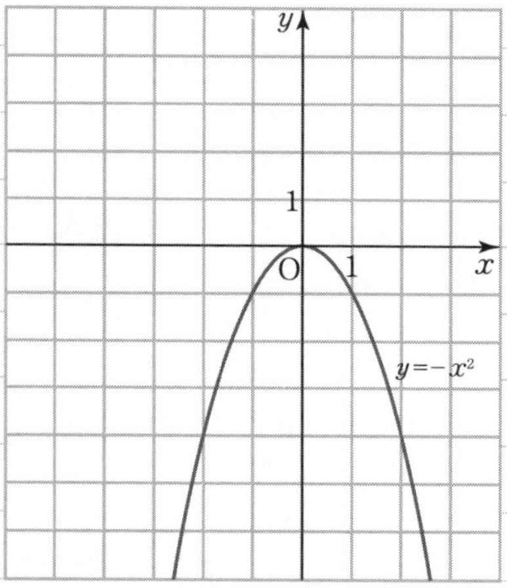

② 次の 2 次関数のグラフの頂点と軸を求め，そのグラフをかきなさい。

(1)　$y = (x-3)^2 - 2$

頂点は　点 (◻ , ◻)

軸は　直線 $x =$ ◻ である。

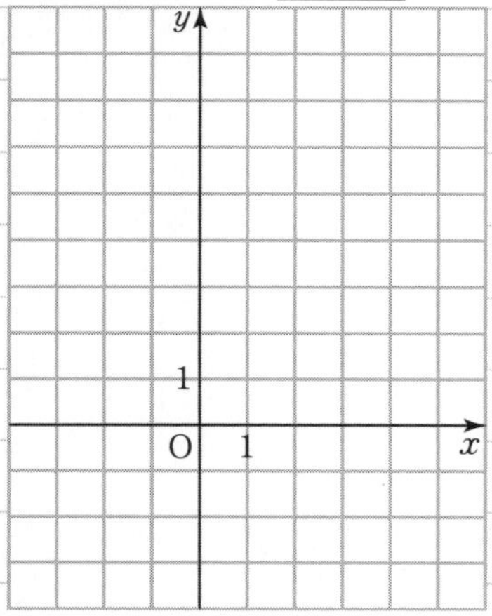

(2)　$y = -2(x+3)^2 + 1$

頂点は　点 (◻ , ◻)

軸は　直線 $x =$ ◻ である。

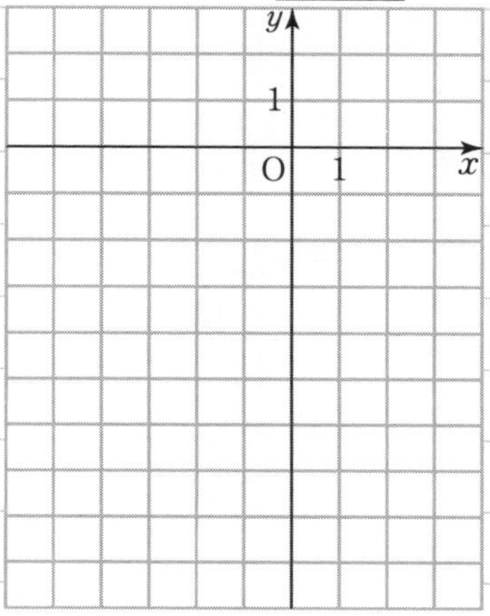

検

㉖ $y = x^2 + bx + c$ のグラフ(1) [教科書 p.70]

p.70 **問** 15 次の 2 次関数を $y = (x - p)^2 + q$ の形に変形しなさい。

(1) $y = x^2 + 10x$

(2) $y = x^2 - 4x$

(3) $y = x^2 + 2x + 5$

(4) $y = x^2 - 6x + 1$

(5) $y = x^2 - 4x + 2$

(6) $y = x^2 + 12x + 8$

練習問題

① 次の 2 次関数を $y = (x - p)^2 + q$ の形に変形しなさい。

(1) $y = x^2 - 12x$

(2) $y = x^2 + 8x$

(3) $y = x^2 + 6x + 7$

(4) $y = x^2 - 4x + 5$

(5) $y = x^2 - 8x + 10$

(6) $y = x^2 + 14x + 10$

検

66

㉗ $y = x^2 + bx + c$ のグラフ(2) [教科書 p.71]

p.71 問 16 次の2次関数のグラフの頂点と軸を求め，そのグラフをかきなさい。

(1) $y = x^2 + 4x$

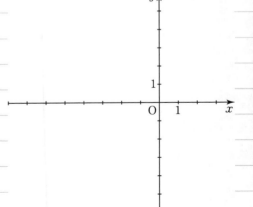

頂点は 点 ([　] , [　])

軸は 直線 $x =$ [　] である。

(2) $y = x^2 - 6x + 3$

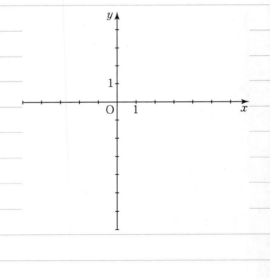

頂点は 点 ([　] , [　])

軸は 直線 $x =$ [　] である。

p.71　**プラス問題 8**　次の2次関数のグラフの頂点と軸を求め，そのグラフをかきなさい。

(1)　$y = x^2 - 2x$

(2)　$y = x^2 - 6x + 7$

頂点は　点 ([　　] , [　　])

軸は　直線 $x =$ [　　] である。

頂点は　点 ([　　] , [　　])

軸は　直線 $x =$ [　　] である。

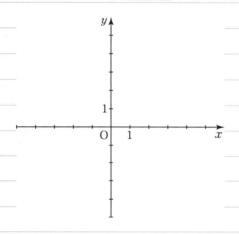

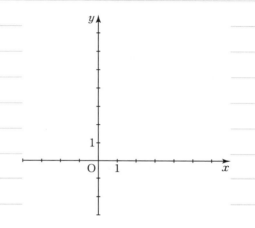

(3)　$y = x^2 + 8x + 13$

(4)　$y = x^2 - 4x + 5$

頂点は　点 ([　　] , [　　])

軸は　直線 $x =$ [　　] である。

頂点は　点 ([　　] , [　　])

軸は　直線 $x =$ [　　] である。

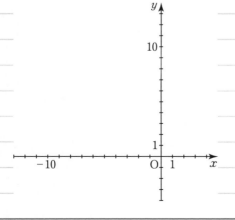

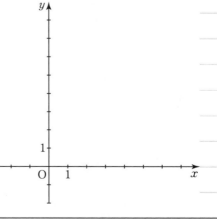

検

68

㉘ $y = ax^2 + bx + c$ のグラフ(1) [教科書 p.72]

p.72 【問】17 次の 2 次関数を $y = a(x-p)^2 + q$ の形に変形しなさい。

(1) $y = 2x^2 - 4x - 1$ (2) $y = -x^2 + 2x - 5$

(3) $y = 2x^2 + 8x + 11$ (4) $y = -x^2 - 4x + 2$

(5) $y = 2x^2 - 12x + 13$ (6) $y = -x^2 + 6x - 3$

p.72 **プラス問題**⑨   次の 2 次関数を $y = a(x-p)^2 + q$ の形に変形しなさい。

(1) $y = 2x^2 + 4x - 3$ (2) $y = 2x^2 - 8x + 7$

(3) $y = -x^2 - 2x + 1$ (4) $y = -x^2 + 4x - 5$

up↑ (5) $y = -2x^2 + 8x - 5$ **up**↑ (6) $y = -2x^2 - 4x$

練習問題

① 次の 2 次関数を $y = a(x - p)^2 + q$ の形に変形しなさい。

(1) $y = 2x^2 + 4x + 3$

(2) $y = -x^2 - 2x + 3$

(3) $y = 2x^2 - 8x + 15$

(4) $y = -x^2 - 6x + 1$

(5) $y = 2x^2 + 12x + 10$

(6) $y = -x^2 - 8x - 6$

② 次の 2 次関数を $y = a(x - p)^2 + q$ の形に変形しなさい。

(1) $y = 2x^2 - 12x + 5$

(2) $y = 2x^2 + 8x - 9$

(3) $y = -x^2 + 4x + 3$

(4) $y = -x^2 + 2x + 9$

up (5) $y = -2x^2 + 16x - 5$

up (6) $y = -2x^2 + 8x$

検

㉙ $y = ax^2 + bx + c$ のグラフ(2) [教科書 p. 73]

p.73 **問** 18 次の 2 次関数のグラフの頂点と軸を求め，そのグラフをかきなさい。

(1) $y = 2x^2 + 4x + 1$

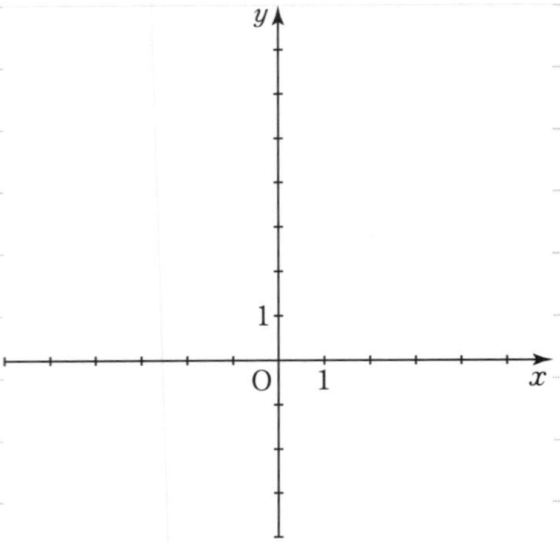

頂点は　点 (□, □)

軸は　直線 $x =$ □ である。

(2) $y = -x^2 + 6x - 2$

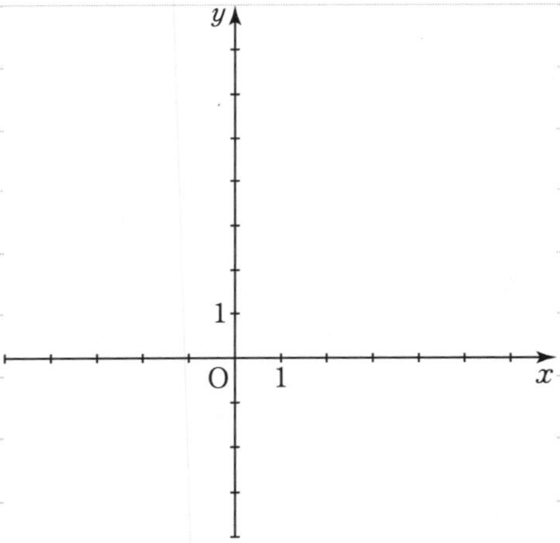

頂点は　点 (□, □)

軸は　直線 $x =$ □ である。

p.73 　**プラス問題** 10 　　次の 2 次関数のグラフの頂点と軸を求め，そのグラフをかきなさい。

(1) 　$y = 2x^2 + 4x + 3$

頂点は　点 (⬚ , ⬚)

軸は　直線 $x =$ ⬚ である。

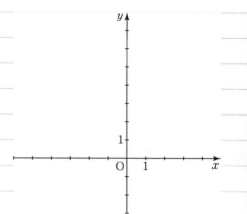

(2) 　$y = 2x^2 - 4x - 3$

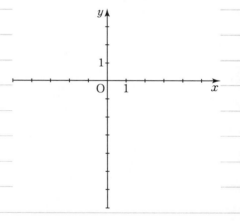

頂点は　点 (⬚ , ⬚)

軸は　直線 $x =$ ⬚ である。

(3) 　$y = -x^2 + 6x - 5$

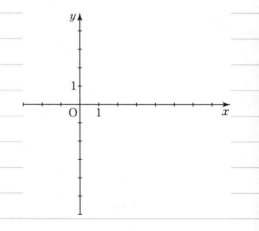

頂点は　点 (⬚ , ⬚)

軸は　直線 $x =$ ⬚ である。

検

(4) $y = -x^2 - 2x - 2$

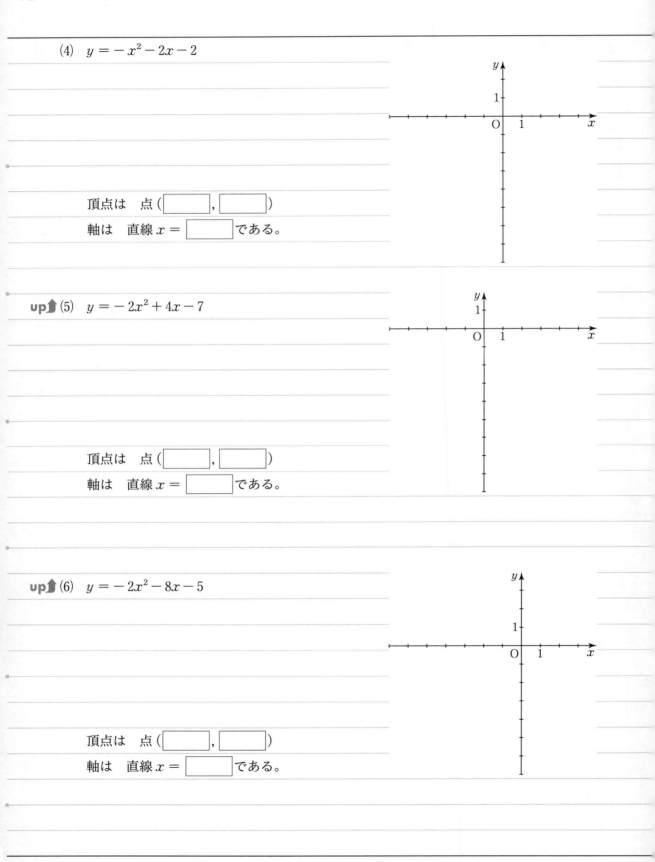

頂点は　点 (⬚ , ⬚)

軸は　直線 $x = $ ⬚ である。

up (5) $y = -2x^2 + 4x - 7$

頂点は　点 (⬚ , ⬚)

軸は　直線 $x = $ ⬚ である。

up (6) $y = -2x^2 - 8x - 5$

頂点は　点 (⬚ , ⬚)

軸は　直線 $x = $ ⬚ である。

Exercise [教科書 p.74]

1 次の1次関数のグラフをかきなさい。

(1)　$y = 2x - 6$

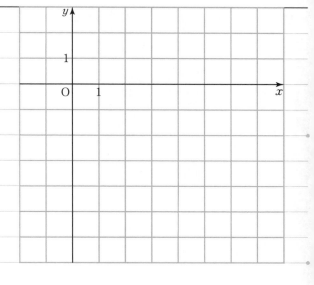

(2)　$y = -\dfrac{1}{3}x + 2$

2 空気中を音が伝わる速さは，気温によって変わる。気温が x℃のときの音の伝わる速さを秒速 y m とすると，y はおよそ $y = 0.6x + 332$ で表される。
このとき，次の問いに答えなさい。

(1)　気温が 20℃のときの音の伝わる速さを求めなさい。

(2)　音の伝わる速さが秒速 350 m になるのは，気温が何℃のときか求めなさい。

3 次の2次関数のグラフは，$y = 2x^2$ のグラフを平行移動したものである。それぞれどのように平行移動したものか答えなさい。

(1)　$y = 2(x - 4)^2$

(2)　$y = 2(x + 3)^2 + 3$

(3)　$y = 2x^2 - 8x + 6$

(4)　$y = 2x^2 + 8x$

検

74

4 次の2次関数のグラフの頂点と軸を求め，そのグラフをかきなさい。

(1) $y = (x-2)^2 + 3$

頂点は　点 (　　　 , 　　　)

軸は　直線 $x =$ 　　　 である。

(2) $y = 2(x+1)^2 - 3$

頂点は　点 (　　　 , 　　　)

軸は　直線 $x =$ 　　　 である。

(3) $y = \dfrac{1}{2}(x-3)^2$

頂点は　点 (　　　 , 　　　)

軸は　直線 $x =$ 　　　 である。

(4) $y = -x^2 + 6x - 4$

頂点は　点 (　　　 , 　　　)

軸は　直線 $x =$ 　　　 である。

(5) $y = 2x^2 - 12x + 15$

頂点は　点 (_____ , _____)

軸は　直線 $x =$ _____ である。

up (6) $y = -x^2 + 3x$

頂点は　点 (_____ , _____)

軸は　直線 $x =$ _____ である。

考えてみよう！　右の2次関数のグラフから，この関数の式を求める方法を考えてみよう。
また，実際に求めてみよう。

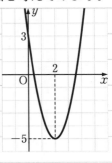

検

㉚ 2 次関数の最大値・最小値(1) [教科書 p. 75]

p.75 **問** 1 次の 2 次関数の最大値，最小値を求めなさい。

(1)　$y = (x-3)^2 + 1$

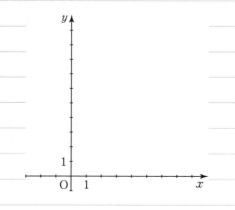

(2)　$y = -(x+1)^2 + 3$

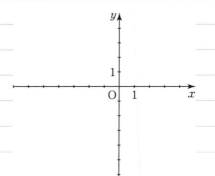

(3)　$y = 2(x+4)^2 - 5$

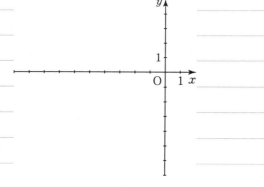

(4)　$y = -3(x-2)^2 + 4$

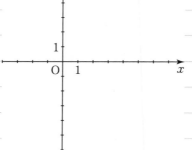

練習問題

① 次の 2 次関数の最大値，最小値を求めなさい。

(1)　$y = (x+3)^2 - 4$

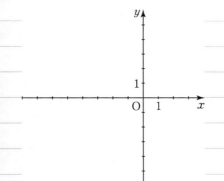

(2)　$y = -(x-2)^2 + 5$

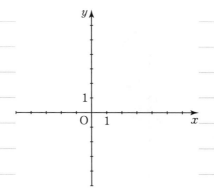

(3)　$y = 3(x-1)^2 - 4$

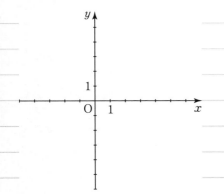

(4)　$y = -2(x+2)^2 + 3$

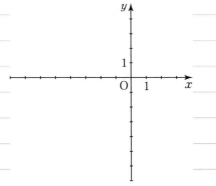

検

78

㉛ 2 次関数の最大値・最小値(2) [教科書 p. 76]

p.76 問 2　次の 2 次関数の最大値，最小値を求めなさい。

(1)　$y = x^2 + 4x + 1$

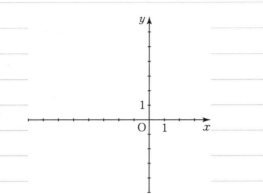

(2)　$y = -x^2 + 2x + 1$

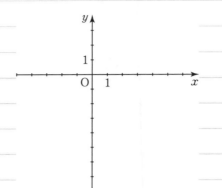

(3)　$y = x^2 - 2x + 6$

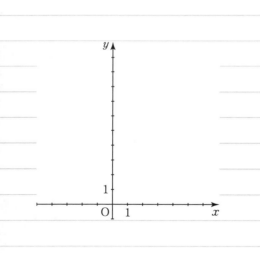

(4)　$y = -x^2 - 6x + 12$

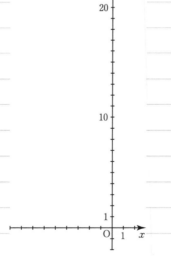

練習問題

① 次の2次関数の最大値，最小値を求めなさい。

(1) $y = x^2 - 4x + 3$

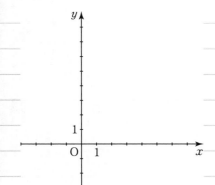

(2) $y = -x^2 - 2x + 5$

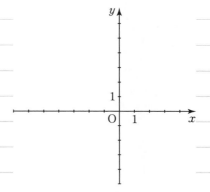

(3) $y = x^2 + 6x + 5$

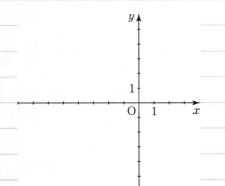

(4) $y = -x^2 + 4x + 1$

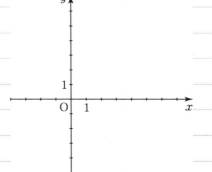

検

㉜ 2 次関数の最大値・最小値(3) [教科書 p. 77]

p.77 問 3　2 次関数 $y = x^2 + 4x - 2$ について，次の定義域における最大値，最小値を求めなさい。

(1)　$-3 \leqq x \leqq 0$

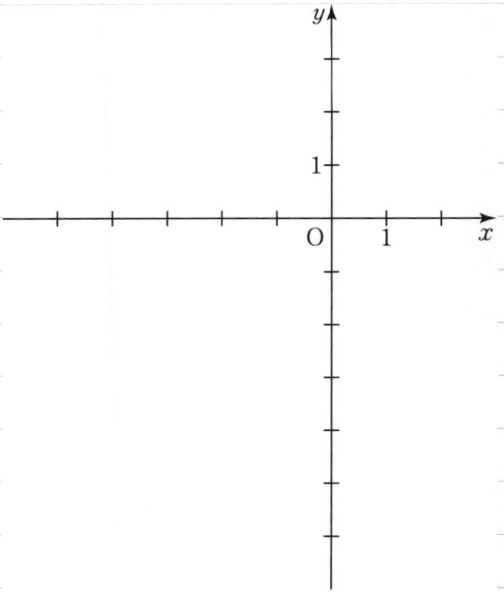

(2)　$-1 \leqq x \leqq 1$

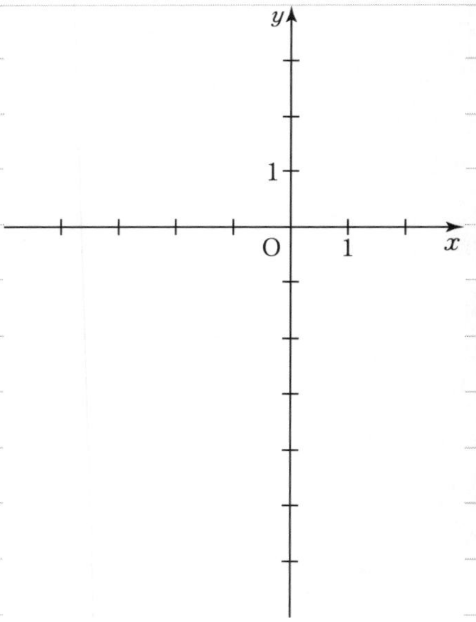

練習問題

① 2次関数 $y = x^2 + 2x - 2$ について，次の定義域における最大値，最小値を求めなさい。

(1) $-2 \leqq x \leqq 1$

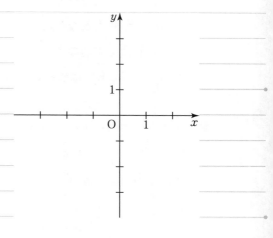

(2) $-3 \leqq x \leqq 0$

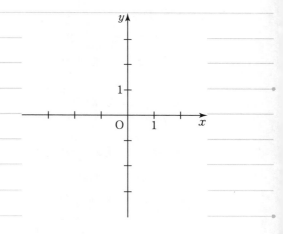

(3) $0 \leqq x \leqq 1$

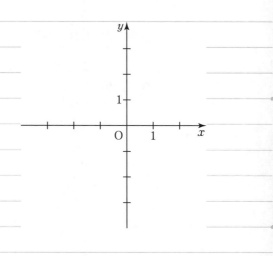

検

㉝ 2次関数の利用 [教科書 p. 78]

p.78 **問 4** 長さ 12 m のロープがある。右の図のように，ロープを

コの字に張って，長方形の花だんをつくる。

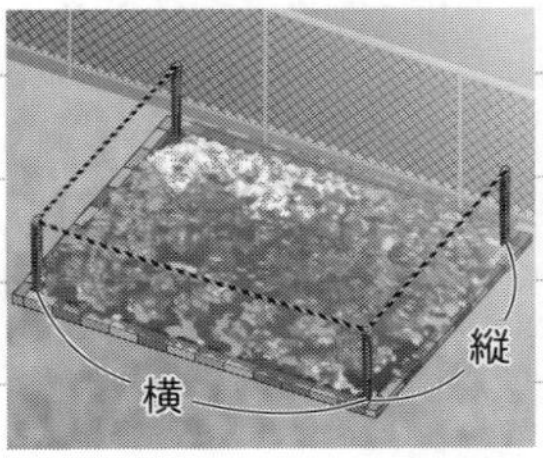

花だんの面積が最大となるときの縦の長さを求めなさい。また，

そのときの面積を求めなさい。

下の解の ☐ にあてはまる数や式を入れて答えなさい。

解 花だんの縦の長さを x m とすると，横の長さは

(☐) m となる。

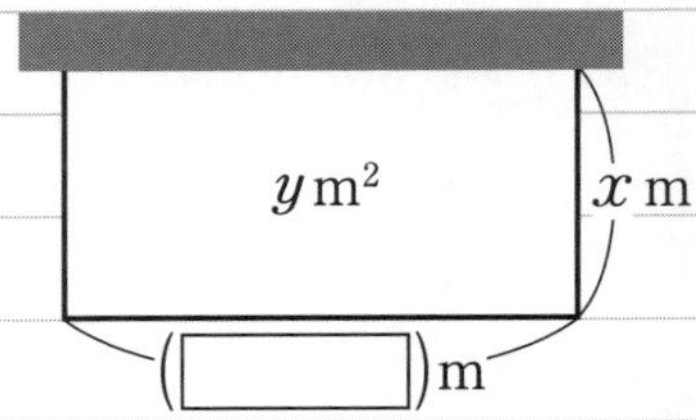

花だんの面積を y m^2 とすると

$y =$ ☐

$ =$ ☐

$ =$ ☐

$ =$ ☐

$ =$ ☐ ------①

ここで，$x > 0$ かつ ☐ > 0 だから，定義域は

☐ ------②

②の範囲で，①のグラフは右の図の実線部分で

ある。

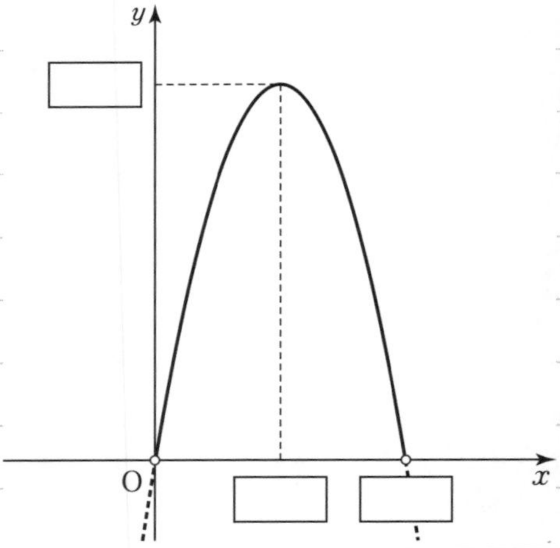

グラフから，①は $x =$ ☐ のとき

最大値 ☐ である。

したがって，

花だんの面積が最大になるときの縦の長さは

☐ **m**

そのときの面積は

☐ **m**^{2}

である。

練習問題

① 左ページの問4で，ロープの長さを16mにしたとき，花だんの面積が最大となるときの
縦の長さを求めなさい。また，そのときの面積を求めなさい。

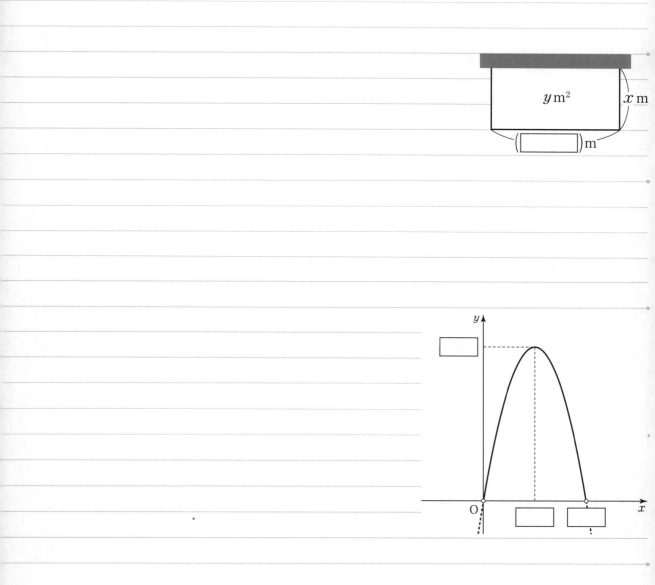

㉞ 2 次方程式 [教科書 p. 79]

p.79 **問** 5　次の 2 次方程式を解きなさい。

(1)　$x^2 + x - 6 = 0$

(2)　$x^2 - 2x - 8 = 0$

(3)　$x^2 - 10x + 25 = 0$

(4)　$x^2 - 2x = 0$

p.79 **問** 6　次の 2 次方程式を解きなさい。

(1)　$x^2 + 5x + 3 = 0$

(2)　$2x^2 + x - 2 = 0$

(3)　$3x^2 - 3x - 2 = 0$

(4)　$x^2 - 6x + 4 = 0$

練習問題

① 次の2次方程式を解きなさい。

(1) $x^2 + x - 12 = 0$

(2) $x^2 - 3x - 10 = 0$

(3) $x^2 - 8x + 16 = 0$

(4) $x^2 + 2x = 0$

② 次の2次方程式を解きなさい。

(1) $x^2 + 3x + 1 = 0$

(2) $2x^2 + 3x - 1 = 0$

(3) $3x^2 + 5x + 1 = 0$

(4) $x^2 + 6x + 3 = 0$

検

86

㉟ 2次関数のグラフと x 軸との共有点 [教科書 p. 80〜81]

p.80 **問** 7　次の2次関数のグラフと x 軸との共有点の x 座標を求めなさい。

(1)　$y = x^2 - 3x + 2$　　　　　(2)　$y = x^2 + 5x$

(3)　$y = x^2 + 3x - 5$　　　　　(4)　$y = x^2 - 5x + 1$

p.81 **問** 8　次の2次関数のグラフと x 軸との共有点の x 座標を求めなさい。

(1)　$y = x^2 - 4x + 4$　　　　　(2)　$y = x^2 + 8x + 16$

p.81 **問** 9　次の2次関数のグラフと x 軸との共有点の x 座標を求めなさい。

(1)　$y = x^2 + 4x + 5$　　　　　(2)　$y = x^2 - 6x + 11$

練習問題

① 次の 2 次関数のグラフと x 軸との共有点の x 座標を求めなさい。

(1) $y = x^2 - 6x + 8$

(2) $y = x^2 - 2x$

(3) $y = x^2 - 3x - 1$

(4) $y = x^2 + 5x + 2$

② 次の 2 次関数のグラフと x 軸との共有点の x 座標を求めなさい。

(1) $y = x^2 - 2x + 1$

(2) $y = x^2 + 10x + 25$

③ 次の 2 次関数のグラフと x 軸との共有点の x 座標を求めなさい。

(1) $y = x^2 + 4x + 9$

(2) $y = x^2 + 2x + 5$

検

88

㊱ 2次関数のグラフと2次不等式(1) [教科書 p. 82〜83]

p.83 問 10 次の2次不等式を解きなさい。

(1) $x^2 + 5x - 6 > 0$

(2) $x^2 - 8x + 12 < 0$

(3) $x^2 - 2x - 8 > 0$

(4) $x^2 + 3x - 10 < 0$

(5) $x^2 - 6x + 5 > 0$

(6) $x^2 + 6x + 8 < 0$

練習問題

① 次の 2 次不等式を解きなさい。

(1) $x^2 + 3x - 4 > 0$

(2) $x^2 - 6x + 8 < 0$

(3) $x^2 - 4x - 12 > 0$

(4) $x^2 + 4x - 21 < 0$

(5) $x^2 - 8x + 7 > 0$

(6) $x^2 + 12x + 35 < 0$

検

㊲ 2 次関数のグラフと 2 次不等式(2) [教科書 p. 84]

p.84 **問 11** 次の 2 次不等式を解きなさい。

(1) $x^2+3x+1>0$

(2) $x^2-5x-2<0$

(3) $x^2+3x-5 \geqq 0$

(4) $x^2-x-4 \leqq 0$

p.84 **問 12** 次の 2 次不等式を解きなさい。

(1) $-x^2+3x+10>0$

(2) $-x^2+7x-12 \leqq 0$

練習問題

① 次の 2 次不等式を解きなさい。

(1) $x^2 + 3x - 1 > 0$

(2) $x^2 + 5x - 3 < 0$

(3) $x^2 + 3x - 3 \geqq 0$

(4) $x^2 + x - 3 \leqq 0$

② 次の 2 次不等式を解きなさい。

(1) $-x^2 - 5x + 14 > 0$

(2) $-x^2 + 7x + 8 \leqq 0$

検

㊳2次関数のグラフと2次不等式(3) [教科書 p. 85〜86]

p.85 **問** 13 次の2次不等式を解きなさい。

(1) $x^2 - 6x + 9 > 0$

(2) $x^2 + 8x + 16 < 0$

p.85 **問** 14 次の2次不等式を解きなさい。

(1) $x^2 - 4x + 7 > 0$

(2) $x^2 + 6x + 10 < 0$

練習問題

① 次の 2 次不等式を解きなさい。

(1) $x^2 + 10x + 25 > 0$

(2) $x^2 - 12x + 36 < 0$

② 次の 2 次不等式を解きなさい。

(1) $x^2 + 2x + 2 > 0$

(2) $x^2 - 4x + 6 < 0$

検

Exercise [教科書 p. 87]

1 次の 2 次関数の最大値，最小値を求めなさい。

(1) $y = x^2 + 6x - 1$

(2) $y = -x^2 + 8x - 11$

2 2 次関数 $y = -2x^2 + 8x - 7$ について，次の定義域における最大値，最小値を求めなさい。

(1) $1 \leqq x \leqq 4$

(2) $3 \leqq x \leqq 5$

3 長さが 40 cm の針金を 2 つに切り，それぞれ折り曲げて 2 つ
の正方形をつくる。2 つに切った一方の針金でつくる正方形の
1 辺の長さを x cm，2 つの正方形の面積の和を y cm² として，
次の問いに答えなさい。

(1)　y を x の式で表しなさい。

(2)　x の値の範囲を求めなさい。

(3)　y の最小値とそのときの x の値を求めなさい。

検

96

4 次の2次関数のグラフと x 軸との共有点があれば，その x 座標を求めなさい。

(1) $y = x^2 - 5x - 6$

(2) $y = x^2 + 6x + 9$

(3) $y = 2x^2 - 3x - 4$

(4) $y = x^2 - 4x + 6$

5 次の2次不等式を解きなさい。

(1) $x^2 - 7x + 12 > 0$

(2) $x^2 + 9x - 10 \leqq 0$

(3) $2x^2 - 3x - 1 \geqq 0$

(4) $-x^2 + 6x + 4 < 0$

(5) $x^2 - 8x + 16 > 0$

(6) $2x^2 - x + 3 < 0$

考えてみよう！　秒速 $40\,\mathrm{m}$ の速さで真上に投げ上げられたボールの x 秒後の高さを $y\,\mathrm{m}$ とすると，y はおよそ $y = -5x^2 + 40x$ で表される。このとき，ボールの高さが $60\,\mathrm{m}$ 以上であるのは何秒後から何秒後までか考えてみよう。

検

㉟ 相似な三角形・三平方の定理 [教科書 p. 90〜91]

p.90 **問1** 右の図で，△ABC∽△A′B′C′，

$c' = 18$ のとき，c の値を求めなさい。

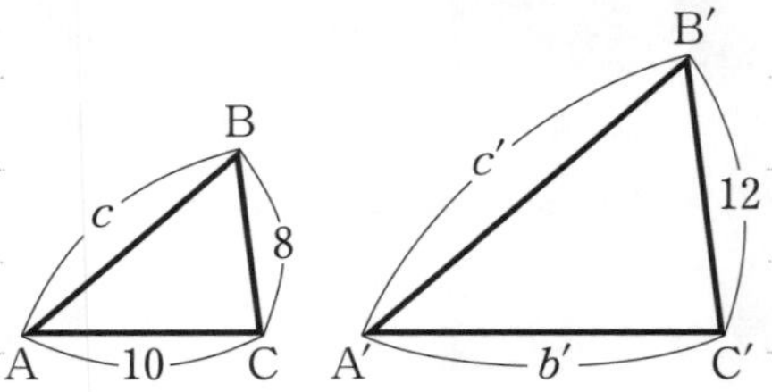

p.91 **問2** 次の図で，x, y の値を求めなさい。

(1)

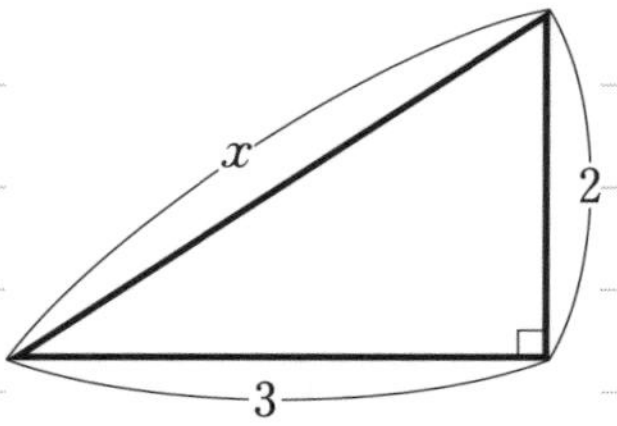

(2)

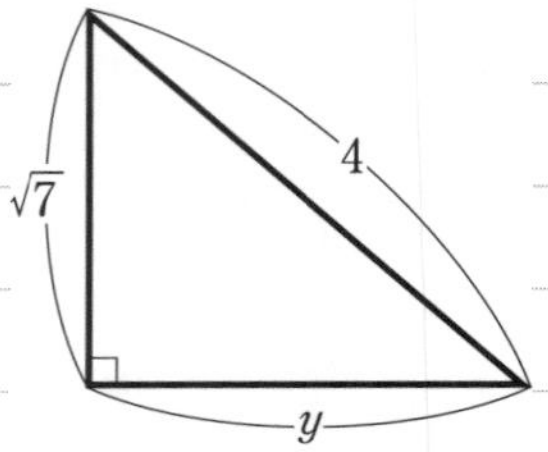

練習問題

① 右の図で △ABC∽△A′B′C′ のとき，

次の ☐ にあてはまる数を入れなさい。

(1) $a : 3 = c : $ ☐

(2) $a : b = $ ☐ : ☐

(3) $\dfrac{b}{c} = \dfrac{}{}$

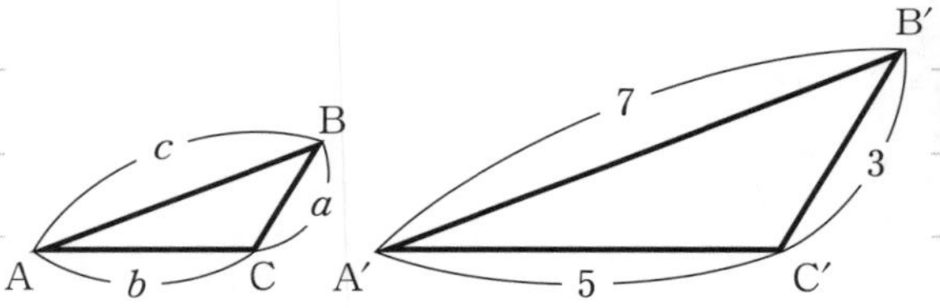

② 次の図で，x, y の値を求めなさい。

(1)

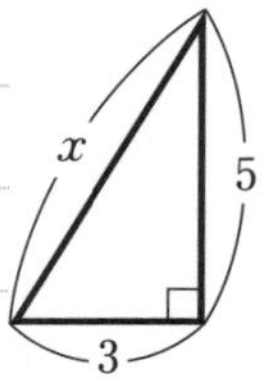

(2)

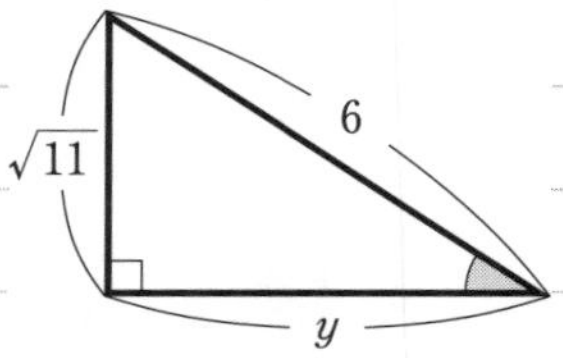

㊵三角比(1) [教科書 p. 92〜94]

p.94 **問**3　次の図の △ABC で，$\sin A$，$\cos A$，$\tan A$ の値を求めなさい。

(1)
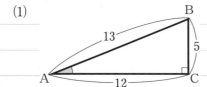

(2)
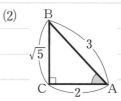

練習問題

① 次の図の △ABC で，$\sin A$，$\cos A$，$\tan A$ の値を求めなさい。

(1)
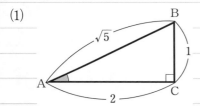

(2)
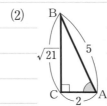

(3)
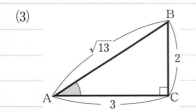

(4)
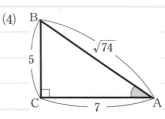

(5)
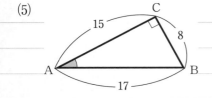

(6)
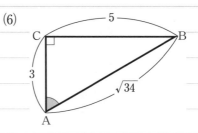

検

㊶ 三角比(2) [教科書 p.92〜95]

p.94 **問** 4 次の図の △ABC で，sin A，cos A，tan A の値を求めなさい。

(1)
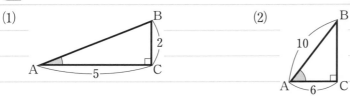

(2)

(3)
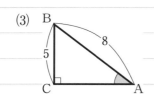

p.95 **問** 5 次の表を完成させなさい。

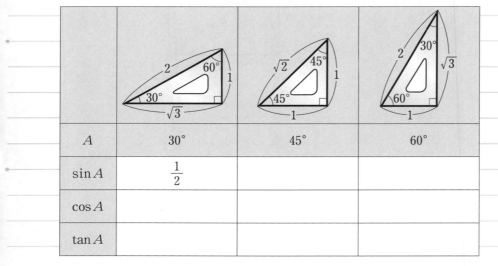

A	30°	45°	60°
$\sin A$	$\dfrac{1}{2}$		
$\cos A$			
$\tan A$			

p.95 **問** 6 三角比の表を用いて，次の ☐ にあてはまる数を入れなさい。

(1) $\sin 16° =$ ☐ 　　　(2) $\cos 74° =$ ☐

(3) $\tan$ ☐ $° = 0.7813$ 　　　(4) $\sin$ ☐ $° = 0.9962$

練習問題

① 次の図の △ABC で，$\sin A$，$\cos A$，$\tan A$ の値を求めなさい。

(1)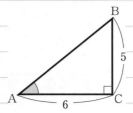

(2)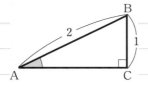

(3)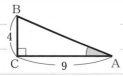

(4)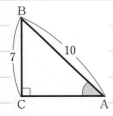

② 左ページ問 5 の表を用いて，次の ☐ にあてはまる数を入れなさい。

(1) $\cos 30° = $ ☐

(2) $\tan 45° = $ ☐

(3) $\sin$ ☐ $° = \dfrac{\sqrt{3}}{2}$

(4) $\tan$ ☐ $° = \dfrac{1}{\sqrt{3}}$

③ 三角比の表を用いて，次の ☐ にあてはまる数を入れなさい。

(1) $\sin 27° = $ ☐

(2) $\cos 67° = $ ☐

(3) $\tan 54° = $ ☐

(4) $\sin$ ☐ $° = 0.9659$

(5) $\cos$ ☐ $° = 0.8090$

(6) $\tan$ ☐ $° = 0.2679$

検

㊷ 三角比の利用 [教科書 p.96〜97]

p.96 **問7** 傾斜の角度が 18° である雪の斜面を，スノーボードで地点 B から地点 A まで 100m 滑り下りたとき，次の値を，四捨五入して整数の範囲で求めなさい。

(1) 標高差 BC

(2) 水平距離 AC

p.97 **問8** 公園にあるイチョウの高さ BC を求めるために，影の長さ AC を測ったところ 20m で，このとき ∠BAC = 42° であった。イチョウの高さ BC を，四捨五入して整数の範囲で求めなさい。

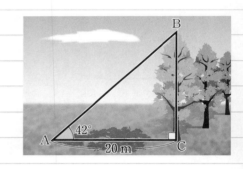

練習問題

① ジェット機が滑走路と 9° の角度で離陸し，500 m 直進した。次の値を，四捨五入して整数の
範囲で求めなさい。

(1) 機体の高度 BC

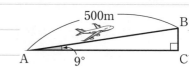

(2) 移動した水平距離 AC

② ある塔の影 AC の長さを測ったら 70 m で，このとき
∠BAC = 36° であった。
この塔の高さ BC を，四捨五入して整数の範囲で求めなさい。

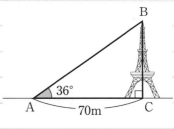

検

㊸ 三角比の相互関係・（90°−A）の三角比 [教科書 p. 98〜100]

p.99 **問** 9　次の値を求めなさい。ただし，$0° < A < 90°$ とする。

(1)　$\sin A = \dfrac{3}{4}$ のとき，$\cos A$ と $\tan A$

(2)　$\cos A = \dfrac{2}{5}$ のとき，$\sin A$ と $\tan A$

p.100 **問** 10　次の三角比を $45°$ 以下の角の三角比で表しなさい。

(1)　$\sin 64°$

(2)　$\sin 75°$

(3)　$\cos 56°$

(4)　$\cos 82°$

練習問題

① 次の値を求めなさい。ただし，$0° < A < 90°$ とする。

(1)　$\sin A = \dfrac{5}{6}$ のとき，$\cos A$ と $\tan A$

(2)　$\cos A = \dfrac{4}{5}$ のとき，$\sin A$ と $\tan A$

② 次の三角比を $45°$ 以下の角の三角比で表しなさい。

(1)　$\sin 80°$

(2)　$\sin 58°$

(3)　$\cos 62°$

(4)　$\cos 77°$

検

Exercise [教科書 p. 101]

1 次の図の △ABC で，$\sin A$，$\cos A$，$\tan A$ の値を求めなさい。

(1)   (2)

2 次の図の △ABC で，x，y の値を，四捨五入して小数第 1 位まで求めなさい。

(1)   (2)

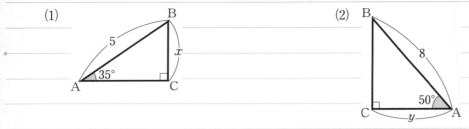

3 地面と $8°$ の角度を保って上昇する飛行機が，離陸してから 300 m の高さになるまでの水平距離 AC を，四捨五入して整数の範囲で求めなさい。

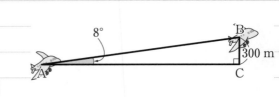

4 $\cos A = \dfrac{2}{3}$ のとき，$\sin A$ と $\tan A$ の値を求めなさい。

ただし，$0° < A < 90°$ とする。

考えてみよう！　エジプトの世界遺産ピラミッドで最大の
ものは，底面が1辺230 m の正方形，高さが146 m の正
四角錐である。

このピラミッドについて，斜面の角∠AMH の大きさの
求め方を考えてみよう。

また，三角比を利用して実際に求めてみよう。

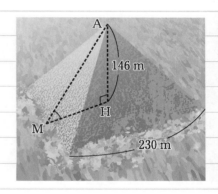

検

㊹鈍角の三角比・0°，90°，180° の三角比 [教科書 p.102〜104]

p.103 **問** 1　次の図の ▢ にあてはまる数を入れて，次の角の三角比の値を求めなさい。

(1) 135°

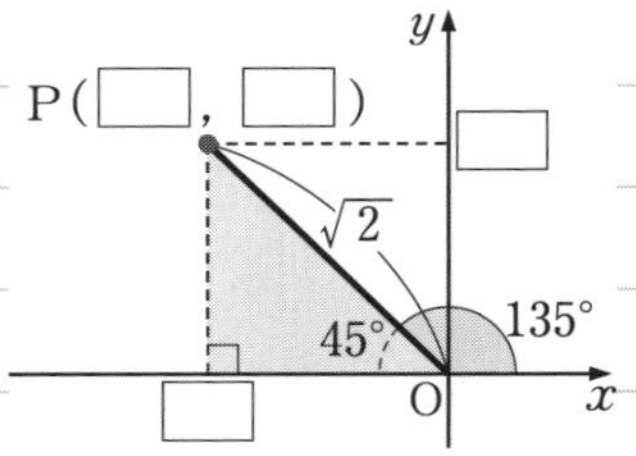

P(▢ , ▢)　　▢

$\sqrt{2}$　45°　135°　O　x　▢

(2) 150°

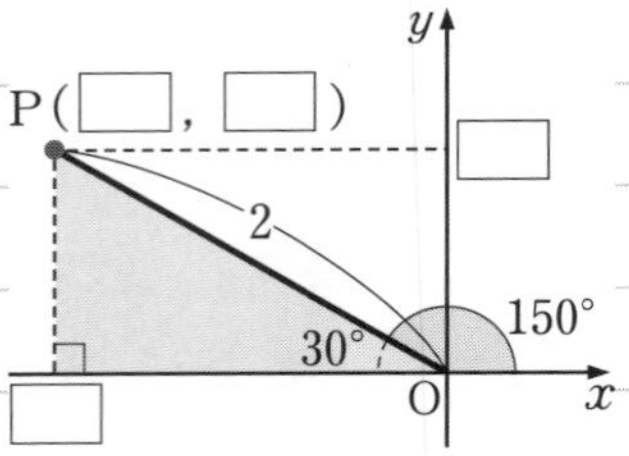

P(▢ , ▢)　　▢

2　30°　150°　O　x　▢

1　$\sqrt{2}$　45°　1

1　2　$\sqrt{3}$　30°

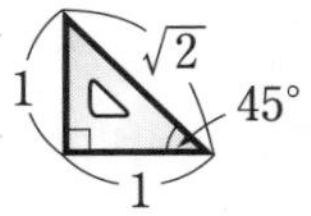

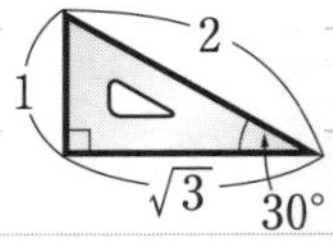

p.104 **問** 2　次の図で，OP＝1 とするとき，▢ にあてはまる数を入れて，次の角の三角比の値を求めなさい。

(1) 0°

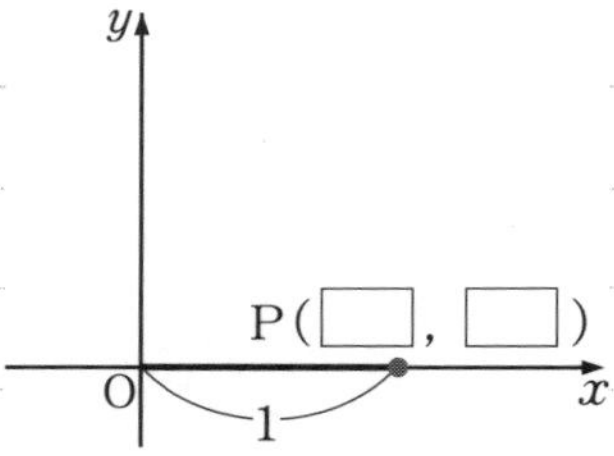

O　P(▢ , ▢)　1　x

(2) 180°

P(▢ , ▢)　1　180°　O　x

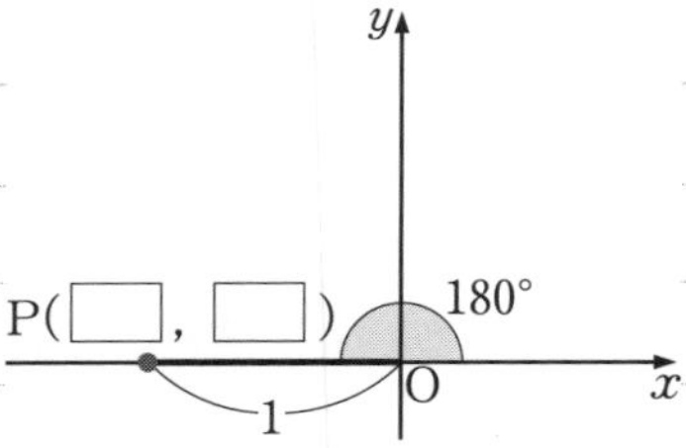

p.104 **問** 3　次の表を完成しなさい。

θ	0°	30°	45°	60°	90°	120°	135°	150°	180°
$\sin\theta$					1	$\dfrac{\sqrt{3}}{2}$			
$\cos\theta$					0	$-\dfrac{1}{2}$			
$\tan\theta$					✕	$-\sqrt{3}$			

練習問題

① 右の図を参考にして，$60°$ と $120°$ の三角比の値を求めなさい。

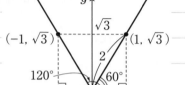

$\sin 60° =$　　　　　　　　　　$\sin 120° =$

$\cos 60° =$　　　　　　　　　　$\cos 120° =$

$\tan 60° =$　　　　　　　　　　$\tan 120° =$

② 次の式をみたす角度 θ は何度か，左ページの問 3 の表をみて答えなさい。ただし，$0° \leqq \theta \leqq 180°$ とする。

(1)　$\sin \theta = \dfrac{1}{2}$

　　$\theta =$

(2)　$\cos \theta = \dfrac{1}{\sqrt{2}}$

　　$\theta =$

(3)　$\tan \theta = \sqrt{3}$

　　$\theta =$

(4)　$\sin \theta = \dfrac{\sqrt{3}}{2}$

　　$\theta =$

(5)　$\cos \theta = -\dfrac{\sqrt{3}}{2}$

　　$\theta =$

(6)　$\tan \theta = -1$

　　$\theta =$

検

㊺ 拡張された三角比の相互関係・$(180° - \theta)$ の三角比 [教科書 p. 105～106]

p.105 **問 4** 次の値を求めなさい。ただし，θ は鈍角とする。

(1) $\sin\theta = \dfrac{2}{3}$ のとき，$\cos\theta$ と $\tan\theta$

(2) $\cos\theta = -\dfrac{3}{4}$ のとき，$\sin\theta$ と $\tan\theta$

p.106 **問 5** 次の三角比を鋭角の三角比で表しなさい。

(1) $\sin 130°$

(2) $\cos 170°$

(3) $\tan 115°$

練習問題

① 次の値を求めなさい。ただし，θ は鈍角とする。

(1)　$\sin\theta = \dfrac{1}{4}$ のとき，$\cos\theta$ と $\tan\theta$

(2)　$\cos\theta = -\dfrac{2}{5}$ のとき，$\sin\theta$ と $\tan\theta$

② 次の三角比を鋭角の三角比で表しなさい。

(1)　$\sin 170°$

(2)　$\cos 96°$

(3)　$\tan 160°$

検

㊻ 三角形の面積・正弦定理 [教科書 p. 107～109]

p.107 問 6　次の図の △ABC で，面積 S を求めなさい。

(1)

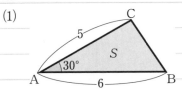

(2)

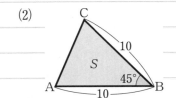

(3)

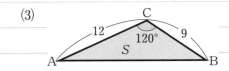

p.109 問 7　下の図の △ABC で，次の値を求めなさい。

(1)　a

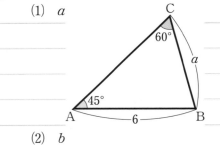

(2)　b

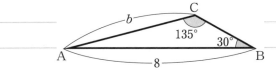

(3)　c

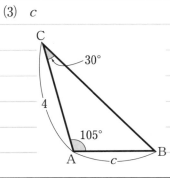

練習問題

① 次の図の △ABC で，面積 S を求めなさい。

(1)
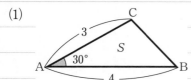

(2)
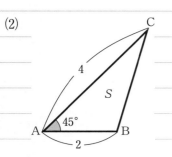

(3)
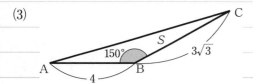

② 次の図の △ABC で，a の値を求めなさい。

(1)
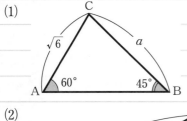

(2)
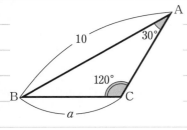

(3)
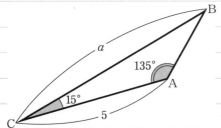

検

㊼ 正弦定理と外接円・余弦定理・3 辺の長さから角度を求める [教科書 p. 110〜113]

p.110 問 8 次の図で，△ABC の外接円の半径 R を求めなさい。

(1)

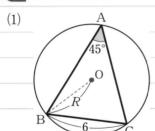

(2)

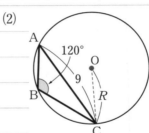

p.112 問 9 下の図の △ABC で，次の値を求めなさい。

(1) a

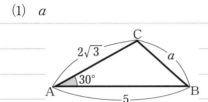

(2) b

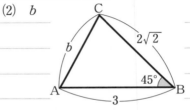

(3) c

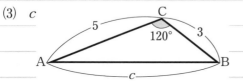

p.113 問 10 下の図の △ABC で，次の角の大きさを求めなさい。

(1) A

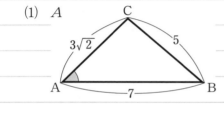

(2) B

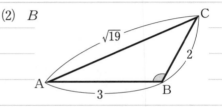

練習問題

① 次の図で，△ABC の外接円の半径 R を求めなさい。

(1)
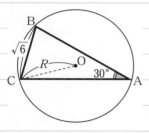

(2)
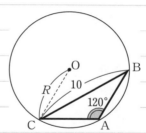

② 下の図の △ABC で，a の値を求めなさい。

(1)
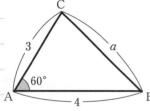

(2)
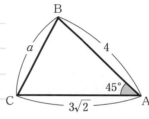

(3)
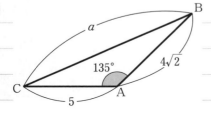

③ 下の図の △ABC で，次の角の大きさを求めなさい。

(1) C
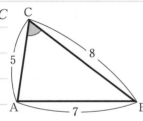

(2) A
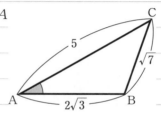

検

㊽ 正弦定理と余弦定理の利用 [教科書 p. 114〜115]

p.114 問 11 右の図のように，監視台 A と灯台 B がある。

A から 100 m 離れた地点を C とするとき，

∠BAC = 105°，∠BCA = 45° であった。

(1) ∠ABC の大きさを求めなさい。

(2) A，B 間の距離を求めなさい。

p.115 問 12 ある遊園地で熱気球 P が上昇し，地上からの高さ PH

が 30 m になった。地上の 2 地点 A，B で角度を測ったところ

∠PAH = 45°，∠PBH = 60°，∠AHB = 150° であった。

次の値を求めなさい。

(1) B，H 間の距離

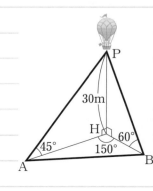

(2) A，B 間の距離

練習問題

① 右の図のように，海岸の地点 A と沖の島の地点 B がある。

A から 30m 離れた地点を C とするとき，∠BAC = 75°，

∠BCA = 45° であった。

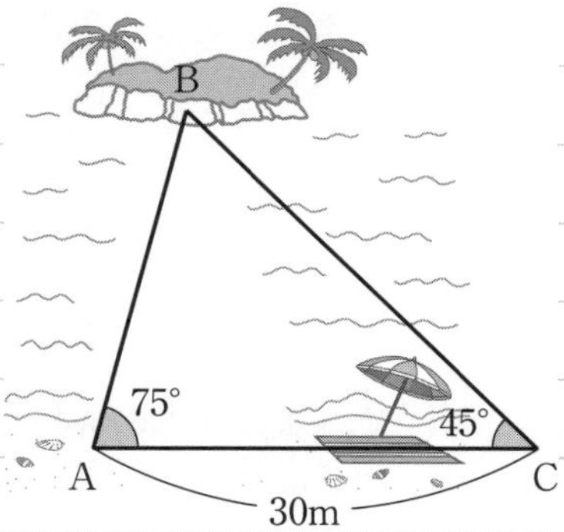

(1)　∠ABC の大きさを求めなさい。

(2)　A，B 間の距離を求めなさい。

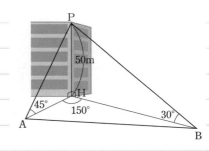

② あるビルの先端 P の地上からの高さ PH が 50 m であった。

地上の 2 地点 A，B で角度を測ったところ

∠PAH = 45°，∠PBH = 30°，∠AHB = 150° であった。

次の値を求めなさい。

(1)　B，H 間の距離

(2)　A，B 間の距離

検

Exercise [教科書 p. 116]

1 次の三角比を鋭角の三角比で表し，三角比の表を用いてその値を求めなさい。

(1) $\sin 140°$

(2) $\cos 125°$

(3) $\tan 165°$

2 右の図で，次の図形の面積を求めなさい。

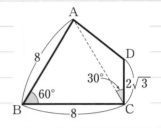

(1) △ABC

(2) 四角形 ABCD

3 右の図の △ABC で，次のものを求めなさい。

(1) 角の大きさ A

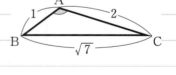

(2) 面積 S

up 4 公園の2地点 A，B から，池の中の島 C を見ると，

AB = 50（m），∠BAC = 70°，∠ABC = 80° であった。

2点 B，C 間の距離を，四捨五入して整数の範囲で求めなさい。

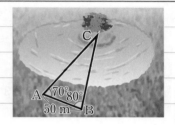

考えてみよう！　右の図は正八角形 ABCDEFGH で，

点 O はその中心である。

　OA = 6 のとき，この正八角形の面積を求める方法を

考えてみよう。

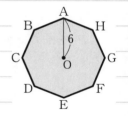

㊾ 集合と要素 [教科書 p. 120〜122]

p.120 問1 次の集合を，要素をかき並べて表しなさい。

(1) 20 の正の約数の集合 C

(2) 1 以上 20 以下の 3 の倍数の集合 D

(3) 10 以下の自然数の集合 E

p.121 問2 集合 $A = \{\, 1,\ 2,\ 3,\ 4,\ 6,\ 12 \,\}$ の部分集合を次の集合から選び，記号 ⊂ を使って表しなさい。

$P = \{\, 1,\ 5,\ 6,\ 7 \,\},\ Q = \{\, 2,\ 4,\ 6 \,\},\ R = \{\, 1,\ 12 \,\}$

p.121 問3 10 以下の自然数の集合を全体集合とし，3 の倍数の集合を B とするとき，B の補集合 $\overline{B}$ を求めなさい。

$\overline{B} =$

p.122 問4 次の集合 A, B について，$A \cap B$ と $A \cup B$ を求めなさい。

(1) $A = \{\, 1,\ 3,\ 5,\ 7,\ 9 \,\}$, $B = \{\, 2,\ 3,\ 5,\ 8 \,\}$

$A \cap B =$

$A \cup B =$

(2) $A = \{\, 2,\ 4,\ 6,\ 8,\ 10,\ 12 \,\}$, $B = \{\, 4,\ 8,\ 12 \,\}$

$A \cap B =$

$A \cup B =$

練習問題

① 次の集合を，要素をかき並べて表しなさい。

(1) 12 の正の約数の集合 F

(2) 5 以上 15 以下の 2 の倍数の集合 G

(3) 10 以上 20 以下の自然数の集合 H

② 集合 $A = \{ -3, -1, 1, 3, 5, 7 \}$ の部分集合を次の集合から選び，記号⊂を使って表しなさい。

$P = \{ -3, -1, 0, 1 \}$, $Q = \{ 1, 3, 5, 7 \}$, $R = \{ -1, 1 \}$

③ 15 以下の自然数の集合を全体集合とし，4 の倍数の集合を B とするとき，B の補集合 $\overline{B}$ を求めなさい。

$\overline{B} =$

④ 次の集合 A, B について，$A \cap B$ と $A \cup B$ を求めなさい。

(1) $A = \{ -3, -1, 1, 3, 5, 7 \}$, $B = \{ -3, -2, 1, 2, 3 \}$

$A \cap B =$

$A \cup B =$

(2) $A = \{ 1, 3, 5, 7, 11, 13 \}$, $B = \{ 3, 6, 9 \}$

$A \cap B =$

$A \cup B =$

検

⑤⓪命題の真偽・否定・命題と集合 [教科書 p. 123〜125]

p.123 問 5　次の命題の真偽を調べなさい。

(1)　9 は 3 の倍数である。

(2)　四角形の内角の和は 360° である。

(3)　6 は奇数である。

(4)　2 乗すると 4 になる実数は 2 だけである。

p.124 問 6　次の命題の真偽を調べ，偽の場合には反例を示しなさい。

(1)　n は 3 の倍数　$\implies$　n^2 は 3 の倍数

(2)　$x^2 = 9$　$\implies$　$x = 3$

p.124 問 7　次の否定を答えなさい。

(1)　n は偶数　　　　　　　　(2)　$x \leqq 2$

p.125 問 8　集合を用いて，次の命題の真偽を調べなさい。

(1)　$-2 < x < 1$　$\implies$　$-3 < x < 4$

(2)　$-2 \leqq x \leqq 3$　$\implies$　$0 \leqq x \leqq 4$

(3)　△ABC は正三角形　$\implies$　△ABC は 2 等辺三角形

練習問題

① 次の命題の真偽を調べなさい。

(1)　8 は 3 の倍数である。

(2)　三角形の内角の和は 180° である。

(3)　9 は奇数である。

(4)　$(a+b)^2 = a^2 + 2ab + b^2$

② 次の命題の真偽を調べ，偽の場合には反例を示しなさい。

(1)　n は 8 の倍数　$\Longrightarrow$　n は 4 の倍数

(2)　$x^2 = 16$　$\Longrightarrow$　$x = -4$

③ 次の否定を答えなさい。

(1)　$x < 4$ (2)　$x \geqq 5$

④ 集合を用いて，次の命題の真偽を調べなさい。

(1)　$x \leqq 0$　$\Longrightarrow$　$x \leqq 2$

(2)　$-1 \leqq x \leqq 2$　$\Longrightarrow$　$-2 \leqq x \leqq 1$

(3)　四角形 ABCD は正方形　$\Longrightarrow$　四角形 ABCD は平行四辺形

検

⑤1 必要条件と十分条件 [教科書 p.126]

p.126 問 9 次の ☐ に，必要，十分のどちらかを入れなさい。

(1) 命題「$x = 5 \implies x^2 = 25$」は真であるから

$x = 5$ は $x^2 = 25$ であるための ☐ 条件である。

(2) 命題「$x = -4 \implies x^2 = 16$」は真であるから

$x^2 = 16$ は $x = -4$ であるための ☐ 条件である。

p.126 問 10 次の p, q について，命題「$p \implies q$」と「$q \implies p$」の真偽を調べ，p が q であるための必要十分条件になっているものをすべて選びなさい。

① p：　$x = 3$,　　　　　q：　$4x - 7 = 5$

$p \implies q$ は ☐

$q \implies p$ は ☐

よって，p は q であるための ☐ 条件

② p：　$x^2 = 4$,　　　　　q：　$x = 2$

$p \implies q$ は ☐

$q \implies p$ は ☐

よって，p は q であるための ☐ 条件

③ p：　n は 6 の倍数,　　　q：　n は偶数

$p \implies q$ は ☐

$q \implies p$ は ☐

よって，p は q であるための ☐ 条件

④ p：　$x = y$,　　　　　q：　$x + 3 = y + 3$

$p \implies q$ は ☐

$q \implies p$ は ☐

よって，p は q であるための ☐ 条件

以上のことから，必要十分条件になっているものは ☐ と ☐

練習問題

① 次の ☐ に，必要，十分のどちらかを入れなさい。

(1) 命題「$x = 4 \implies x^2 = 16$」は真であるから

　　$x = 4$ は $x^2 = 16$ であるための ☐ 条件である。

(2) 命題「$x = -7 \implies x^2 = 49$」は真であるから

　　$x^2 = 49$ は $x = -7$ であるための ☐ 条件である。

② 次の p, q について，命題「$p \implies q$」と「$q \implies p$」の真偽を調べ，p が q であるための必要十分条件になっているものをすべて選びなさい。

① $p:$　$x = 4$,　　　　　　　$q:$　$3x - 5 = 7$

　　$p \implies q$　は ☐

　　$q \implies p$　は ☐

　　よって，p は q であるための ☐ 条件

② $p:$　$x^2 = 64$,　　　　　　$q:$　$x = 8$

　　$p \implies q$　は ☐

　　$q \implies p$　は ☐

　　よって，p は q であるための ☐ 条件

③ $p:$　n は 8 の倍数,　　　$q:$　n は 4 の倍数

　　$p \implies q$　は ☐

　　$q \implies p$　は ☐

　　よって，p は q であるための ☐ 条件

④ $p:$　$x = y$,　　　　　　　$q:$　$x - 3 = y - 3$

　　$p \implies q$　は ☐

　　$q \implies p$　は ☐

　　よって，p は q であるための ☐ 条件

　　以上のことから，必要十分条件になっているものは ☐ と ☐

検

(52) 逆と対偶 [教科書 p. 127]

p.127 問 11 次の命題の逆をつくり，その真偽を調べなさい。

(1) $2x-5=3 \Longrightarrow x=4$

逆： □である。

(2) $-2<x<3 \Longrightarrow -3<x<5$

逆： □である。反例は□

(3) n は 6 の倍数 $\Longrightarrow$ n は 3 の倍数

逆： □である。反例は□

p.127 問 12 次の命題の対偶をつくりなさい。

(1) n は 6 の倍数 $\Longrightarrow$ n は 3 の倍数

(2) n は偶数 $\Longrightarrow$ $n+2$ は偶数

練習問題

① 次の命題の逆をつくり，その真偽を調べなさい。

(1)　$4x - 3 = 5 \implies x = 2$

逆：　　　　　　　　　　　　　　　　　　$\boxed{}$である。

(2)　$-1 < x < 2 \implies -4 < x < 3$

逆：　　　　　　　　　　　　　　　　　　$\boxed{}$である。反例は$\boxed{}$

(3)　n は 8 の倍数 $\implies$ n は 4 の倍数

逆：　　　　　　　　　　　　　　　　　　$\boxed{}$である。反例は$\boxed{}$

② 次の命題の対偶をつくりなさい。

(1)　n は 12 の倍数 $\implies$ n は 4 の倍数

(2)　$n + 1$ は奇数 $\implies$ n は偶数

検

128

㊿ いろいろな証明法 [教科書 p.128〜129]

p.128 **問 13** n を整数とするとき,

命題「n^2 は偶数 $\implies$ n は偶数」

が真であることを証明したい。次の問いに答えなさい。

(1) この命題の対偶をつくりなさい。

対偶「   」

(2) 対偶を利用して，この命題が真であることを証明しなさい。

n を奇数とすると，k を整数として $n = \boxed{}$ とおくことができる。このとき

$n^2 =$

よって，n^2 は $\boxed{}$ である。

すなわち「   」は真である。

したがって，対偶が真であることが証明できたので，もとの命題

「n^2 は偶数 $\implies$ n は偶数」は真である。

p.129 **問 14** 命題「$\sqrt{3}$ は無理数 $\implies$ $1+2\sqrt{3}$ は無理数」が真であることを，背理法で証明しなさい。

「$\sqrt{3}$ が無理数のとき，$\boxed{}$ が無理数でない」

と仮定する。

このとき，$\boxed{}$ は有理数だから，

この有理数を a として，$\boxed{} = a$

と表せる。これを変形すると

$\sqrt{3} = \boxed{}$

ここで，a, 1, 2 はともに有理数だから，

右辺の $\boxed{}$ は有理数である。

よって，左辺の $\sqrt{3}$ も有理数となり，

$\sqrt{3}$ が無理数であることに矛盾する。

すなわち

「$\sqrt{3}$ が無理数のとき，$\boxed{}$ が無理数でない」

と仮定したことが誤りである。

したがって，命題

「$\sqrt{3}$ は無理数 $\implies$ $\boxed{}$ は無理数」は真である。

練習問題

① n を整数とするとき，

命題「n^3 は奇数 $\implies$ n は奇数」

が真であることを証明したい。次の問いに答えなさい。

(1) この命題の対偶をつくりなさい。

対偶「　　　　　　　　　　　　　　　　　　　　　　　　　　」

(2) 対偶を利用して，この命題が真であることを証明しなさい。

n を偶数とすると，k を整数として $n =$ ☐ とおくことができる。このとき

$n^3 =$

よって，n^3 は ☐ である。

すなわち「　　　　　　　　　　　　　　　　　　　　　　　」は真である。

したがって，対偶が真であることが証明できたので，もとの命題

「n^3 は奇数 $\implies$ n は奇数」は真である。

② 命題「$\sqrt{2}$ は無理数 $\implies$ $1 + 3\sqrt{2}$ は無理数」が真であることを，背理法で証明しなさい。

「$\sqrt{2}$ が無理数のとき，☐ が無理数でない」

と仮定する。

このとき，☐ は有理数だから，

この有理数を a として，

☐ $= a$

と表せる。これを変形すると

$\sqrt{2} =$ ☐

ここで，a，1，3 はともに有理数だから，

右辺の ☐ は有理数である。

よって，左辺の $\sqrt{2}$ も有理数となり，

$\sqrt{2}$ が無理数であることに矛盾する。

すなわち

「$\sqrt{2}$ が無理数のとき，☐ が無理数でない」

と仮定したことが誤りである。

したがって，命題

「$\sqrt{2}$ は無理数 $\implies$ ☐ は無理数」は真である。

検

Exercise [教科書 p. 130]

1 次の集合を，要素をかき並べて表しなさい。

(1) 18 の正の約数の集合 A

(2) -6 以上 5 未満の整数の集合 B

(3) 1 以上 60 以下の 7 の倍数の集合 C

2 集合 $A = \{\, 1,\ 3,\ 5,\ 7,\ 9,\ 11,\ 13,\ 15 \,\}$ の部分集合を次の集合から選び，記号 $\subset$ を使って表しなさい。

$\quad B = \{\, 1,\ 5,\ 9 \,\},\ C = \{\, 3,\ 7,\ 11,\ 14,\ 16 \,\},\ D = \{\, 1,\ 9,\ 11,\ 15 \,\}$

3 20 以下の自然数の集合を全体集合とし，奇数の集合を A，3 の倍数の集合を B とするとき，次の集合を求めなさい。

$A =$

$B =$

(1) $\overline{A}$

(2) $A \cap B$

(3) $A \cup B$

(4) $\overline{A} \cup B$

4 次の命題の真偽を調べ，偽の場合には反例を示しなさい。

(1) $x^2 = 36 \implies x = 6$

(2) $x < 3 \implies x < 1$

5 次の □ に，必要，十分，必要十分のうち最も適することばを入れなさい。

(1) $5x - 10 = 0$ は $x = 2$ であるための □ 条件

(2) $x \geqq 3$ は $x \geqq 5$ であるための □ 条件

(3) $x = -5$ は $x^2 = 25$ であるための □ 条件

6 次の命題の対偶をつくりなさい。

(1) n は奇数 $\implies$ $n + 2$ は奇数

(2) $x > 2$ $\implies$ $x > 0$

考えてみよう！ 全体集合 $U = \{1,\ 2,\ 3,\ 4,\ 5,\ 6,\ 7,\ 8,\ 9\}$ の部分集合 A，B について，$A \cup B = \{1,\ 2,\ 3,\ 4,\ 6,\ 7\}$，$A \cap B = \{2,\ 4\}$，$\overline{A} \cap B = \{6\}$ であるとき，次の集合を求めてみよう。

(1) $A \cap \overline{B}$ 　　　　　　　　　　(2) $\overline{A} \cap \overline{B}$

検

132

⑤④ 統計とグラフ [教科書 p. 134～137]

p.134 問 1　次の表は，ある高校の生徒 200 人について，理科の科目の選択者数を示したものである。このデータを棒グラフで表しなさい。また，グラフからどのようなことがわかるかいいなさい。

理科選択科目	物理	化学	生物	地学	計
選択者数（人）	41	73	80	6	200

〔　　　　　　　　　　　　　　　〕

p.135 問 2　次の表は，1970 年度から 2015 年度までの義務教育の就学者数を 5 年ごとに示したものである。このデータを折れ線グラフで表しなさい。また，グラフからどのようなことがわかるかいいなさい。

年度	1970	1975	1980	1985	1990
就学者数(百万人)	14	15	17	17	15
年度	1995	2000	2005	2010	2015
就学者数(百万人)	13	11	11	11	10

←「学校基本統計」（文部科学省）より作成

〔　　　　　　　　　　　　　　　〕

p.136 問 3　次の表は，あるクラスの文化祭実行委員が生徒の希望する出しものを調査し，それぞれの割合を示したものである。このデータを円グラフで表しなさい。また，グラフからどのようなことがわかるかいいなさい。

出しもの	演劇	映画づくり	展示	その他	計
割合(%)	45	30	10	15	100

〔　　　　　　　　　　　　　　　〕

p.137 問 4　次の表は，ある高校で図書を借りた人数を冊数ごとに分類して，それぞれの人数の割合を学期ごとに示したものである。このデータを帯グラフで表しなさい。

	0 冊	1～5 冊	6～10 冊	11 冊以上	計
1 学期	6	45	38	11	100
2 学期	4	29	54	13	100
3 学期	5	43	42	10	100

(%)

練習問題

① 右の表は，A 市の各年度の人口とごみの
量を示したものである。このデータを，人口
を棒グラフで，ごみの量を折れ線グラフで表
しなさい。

年度	1999	2001	2003	2005	2007
人口（万人）	339	346	353	358	363
ごみの量（万 t）	157	160	153	106	99

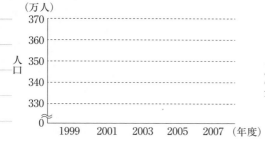

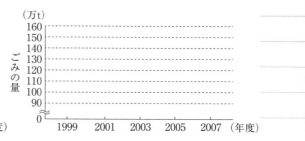

② 次の表は，ある花農家の切り花の種類別の出荷割合を示したものである。
このデータを円グラフで表しなさい。

種類	割合（%）
菊	40
カーネーション	8
バラ	7
ガーベラ	4
ゆり	3
その他	38
計	100

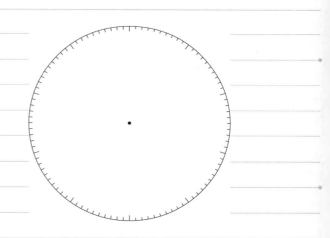

③ 次の表は，ある高校で 1 年間におきたケガを，場所
別に調査して，それぞれの人数の割合を示したもので
ある。このデータを帯グラフで表しなさい。

学年	校庭	体育館	ろう下	教室	その他	計
1 年	36	28	16	9	11	100
2 年	26	37	7	6	24	100
3 年	31	26	5	3	35	100

(%)

1 年

2 年

3 年

検

⑤⑤ 度数分布表とヒストグラム [教科書 p. 138～139]

p.138 問 5　右の度数分布表について，次の問いに答えなさい。

(1)　度数が最大である階級を答えなさい。

(2)　記録が 55 cm 以上の人は全部で何人いるか求めなさい。

階級 (cm)	度数 (人)	正の字
40以上～45未満	1	一
45　～50	2	丁
50　～55	3	下
55　～60	8	正下
60　～65	4	正
65　～70	2	丁
計	20	

p.139 問 6　次の表は，ある町の 9 月の最高気温を度数分布表で示したものである。このデータをヒストグラムで表しなさい。

階級 (℃)	度数 (日)
19以上～21未満	2
21　～23	5
23　～25	8
25　～27	7
27　～29	5
29　～31	3
計	30

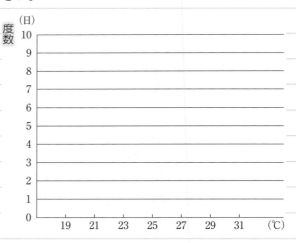

練習問題

① 右の表は，ある高校の生徒10人について，50m走の記録を示したものである。次の問いに答えなさい。

番号	時間 (秒)	番号	時間 (秒)
①	7.2	⑥	6.8
②	6.5	⑦	7.6
③	6.4	⑧	7.8
④	8.3	⑨	6.1
⑤	6.7	⑩	6.6

(1) このデータを次の度数分布表に整理しなさい。

階級 (秒)	度数 (人)	正の字
6.0 以上 ～ 6.5 未満		
6.5 ～ 7.0		
7.0 ～ 7.5		
7.5 ～ 8.0		
8.0 ～ 8.5		
計	10	

(2) 7秒台の生徒は全部で何人ですか。

(3) このデータをヒストグラムで表しなさい。

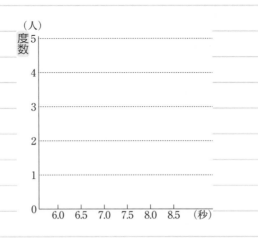

検

136

㊸ 代表値 [教科書 p. 140〜141]

p.140 問 7 次のデータは，ある高校の生徒 10 人について，ハンドボール投げの記録を示したものである。このデータの平均値を求めなさい。

24　18　33　30　26　32　23　24　30　29　　（m）

p.141 問 8 問 7 のデータを小さい順に並べると次のようになる。このデータの中央値を求めなさい。

18　23　24　24　26　29　30　30　32　33　　（m）

p.141 問 9 次の表は，ある帽子店で 1 か月に売れた帽子 120 個のサイズとその個数を示したものである。帽子のサイズの最頻値を求めなさい。

サイズ (cm)	52	53	54	55	56	57	58	計
個数 (個)	4	12	20	28	32	19	5	120

練習問題

① 次のデータは，ある高校のバスケットボール部員 10 人が 1 人ずつシュートを 10 回したときのゴール回数を示したものである。このデータの平均値を求めなさい。

$$2 \quad 5 \quad 3 \quad 7 \quad 5 \quad 6 \quad 3 \quad 9 \quad 8 \quad 2 \quad （回）$$

② 次のそれぞれの場合について，中央値を求めなさい。

(1)
$$2 \quad 5 \quad 6 \quad 9 \quad 10 \quad 12 \quad 13$$

(2)
$$1 \quad 2 \quad 4 \quad 5 \quad 7 \quad 8 \quad 9 \quad 10$$

③ 次の表は，ある高校の男子 24 人の靴のサイズとその個数を示したものである。靴のサイズの最頻値を求めなさい。

サイズ (cm)	24	25	26	27	28	29	計
個数 (足)	1	6	3	12	1	1	24

検

(57) 四分位数と四分位範囲・箱ひげ図 [教科書 p. 142〜143]

p.143 問 10　次の表は，A 高校の生徒 9 人と B 高校の生徒 8 人について，通学時間を短い順に示したものである。それぞれの四分位数と四分位範囲を求めなさい。

A 高校	24	26	27	29	31	33	34	35	37
B 高校	21	26	27	28	30	34	38	40	

(分)

[A 高校]　　　　　　[B 高校]

p.143 問 11　問 10 の A 高校と B 高校のデータを 5 数要約で表し，それぞれを箱ひげ図で表しなさい。また，箱ひげ図からどのようなことがわかるかいいなさい。

5 数要約

	最小値	第 1 四分位数	第 2 四分位数	第 3 四分位数	最大値
A 高校					
B 高校					

(分)

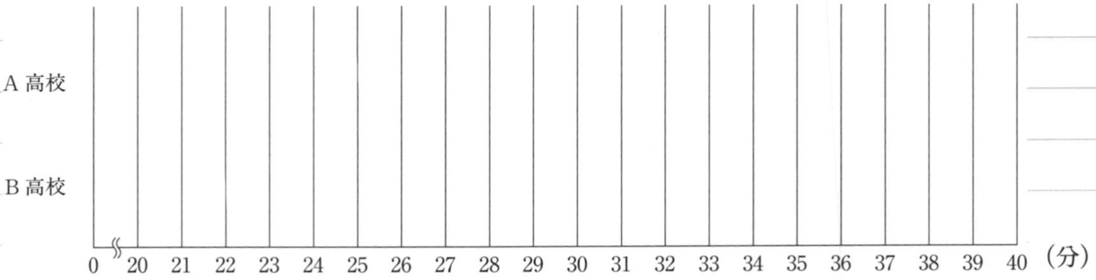

練習問題

① 次の表は，A 高校の生徒 9 人と B 高校の生徒 8 人について，共通の英語の試験（100 点満点）の点数を順番に並べたものである。次の問いに答えなさい。

A 高校	50	56	58	59	62	64	69	75	90
B 高校	42	54	56	57	61	63	65	80	

（点）

(1) 四分位数と四分位範囲を求めなさい。

　　［A高校］　　　　　　　　　　　　［B高校］

(2) 5 数要約で表しなさい。

	最小値	第 1 四分位数	第 2 四分位数	第 3 四分位数	最大値
A 高校					
B 高校					

（点）

(3) 箱ひげ図で表しなさい。

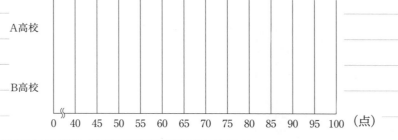

検

⑤⑧分散と標準偏差・外れ値 [教科書 p. 144～147]

p.145 問 12　右の表は，ある高校の生徒 5 人について，数学と

英語の小テストの得点を示したものである。

数学と英語の小テストの得点について，それぞれの分散と

標準偏差を求めなさい。また，その結果からわかることを

いいなさい。

生徒	A	B	C	D	E
数学	2	6	3	10	9
英語	6	8	5	9	7

(点)

数学(平均値) ＝

（分散）＝

（標準偏差）＝

英語(平均値) ＝

（分散）＝

（標準偏差）＝

わかること [　　　　　　　　　　　　　　　　　　　　　　　　　　　]

p.147 問 13　第 1 四分位数が 9，第 3 四分位数が 13 のデータにおいて，次の値の中から，外れ値で

あるものをすべて選びなさい。

① 2　　② 4　　③ 16　　④ 20　　⑤ 22

p.147 問 14　平均値が 16，標準偏差が 4 のデータにおいて，次の値の中から，外れ値であるものを

すべて選びなさい。

① 5　　② 9　　③ 18　　④ 23　　⑤ 27

練習問題

① 右の表は，ある高校の生徒5人について，数学と
国語の小テストの得点を示したものである。
数学と国語の小テストの得点について，それぞれの
分散と標準偏差を求めなさい。また，その結果から
わかることをいいなさい。

生徒	A	B	C	D	E
数学	6	4	8	7	10
国語	6	5	4	7	8

(点)

数学(平均値) =

　　（分散） =

　　（標準偏差） =

国語(平均値) =

　　（分散） =

　　（標準偏差） =

わかること [　　　　　　　　　　　　　　　　　　　　　　　　　　　　　　　　]

② 第1四分位数が11，第3四分位数が17のデータにおいて，次の値の中から，外れ値であるものを
すべて選びなさい。

① 1　　② 5　　③ 10　　④ 25　　⑤ 30

③ 平均値が20，標準偏差が3のデータにおいて，次の値の中から，外れ値であるものをすべて選びな
さい。

① 4　　② 12　　③ 21　　④ 25　　⑤ 28

検

(59)散布図・相関関係 [教科書 p. 148～149]

p.148 **問 15** 右の表は，ある高校のバスケットボール部員 10 人について，垂直とびと立ち幅とびの記録を示したものである。散布図をつくりなさい。また，散布図からわかることをいいなさい。

番号	垂直とび (cm)	立ち幅とび (cm)
①	44	215
②	41	199
③	37	177
④	38	186
⑤	41	205
⑥	43	202
⑦	42	196
⑧	36	173
⑨	40	180
⑩	41	182

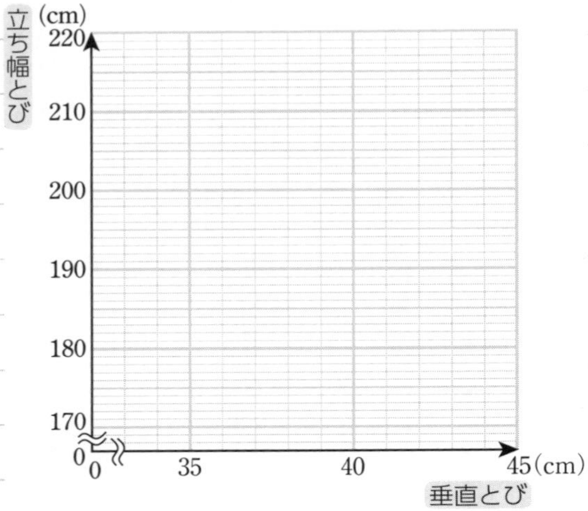

〔　　　　〕

p.149 **問 16** 次の表は，ある高校の生徒 10 人について，上体起こしと立ち幅とびの記録を示したものである。散布図をつくりなさい。また，2 つのデータの間にどのような相関関係があるかいいなさい。

番号	上体起こし (回)	立ち幅とび (cm)
①	21	170
②	20	166
③	23	175
④	26	187
⑤	15	140
⑥	16	151
⑦	21	167
⑧	17	158
⑨	28	190
⑩	20	172

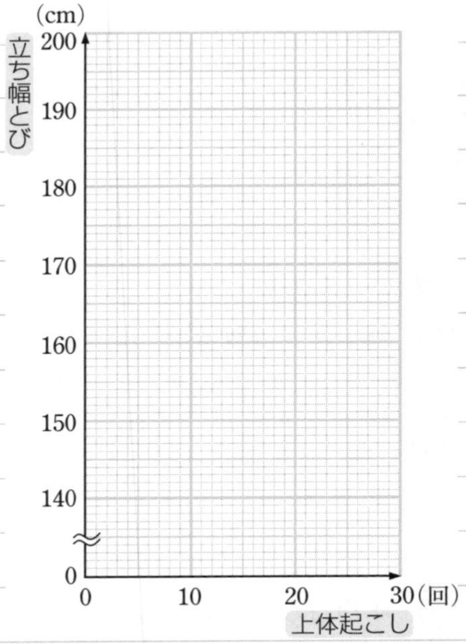

〔　　　　〕

練習問題

① 右の表は，ある高校の生徒10人について，握力とハンドボール投げの記録を示したものである。散布図をつくりなさい。また，散布図からわかることをいいなさい。

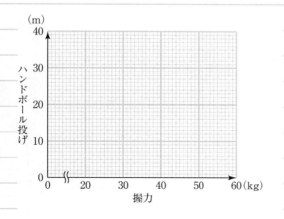

番号	握力(kg)	ハンドボール投げ(m)
①	39	22
②	45	26
③	51	33
④	36	27
⑤	33	18
⑥	41	21
⑦	48	25
⑧	55	35
⑨	52	30
⑩	43	25

② 次の表は，ある年の4月の10日間，東京と大阪の最高気温を示したものである。散布図をつくりなさい。また，東京と大阪の最高気温の間にどのような相関関係があるかいいなさい。

日	1	2	3	4	5	6	7	8	9	10
東京(℃)	12	17	21	15	18	21	21	22	22	23
大阪(℃)	12	19	15	14	18	22	24	23	27	25

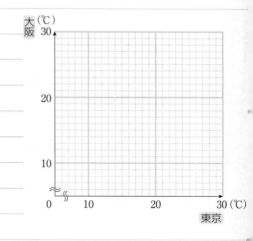

検

⑥⓪ 相関係数 [教科書 p. 150〜151]

p.151 問 17 右の表は，あるアパート 5 軒につい
て，最寄り駅からの所要時間 X （分）と家賃
Y （万円）を示したものである。表を用いて，
2 つのデータの相関係数を求めなさい。

アパート	A	B	C	D	E
X （分）	5	3	6	2	4
Y （万円）	4	8	2	6	10

アパート	X	Y	$X-$平均	$Y-$平均	$(X-$平均$)^2$	$(Y-$平均$)^2$	$(X-$平均$)(Y-$平均$)$
A	5	4					
B	3	8					
C	6	2					
D	2	6					
E	4	10					
計							

（ X の平均値）＝

（ Y の平均値）＝

（ X の標準偏差）＝

（ Y の標準偏差）＝

（ X と Y の偏差の積の平均値）＝

（相関係数）＝

練習問題

① 右の表は，ある 5 人の生徒の 2 種類の小テスト X, Y の得点を示したものである。表を用いて，相関係数を求めなさい。

生徒	A	B	C	D	E
X	7	5	3	4	6
Y	3	6	9	5	7

生徒	X	Y	$X-$平均	$Y-$平均	$(X-平均)^2$	$(Y-平均)^2$	$(X-平均)(Y-平均)$
A	7	3					
B	5	6					
C	3	9					
D	4	5					
E	6	7					
計							

（X の平均値）＝

（Y の平均値）＝

（X の標準偏差）＝

（Y の標準偏差）＝

（X と Y の偏差の積の平均値）＝

（相関係数）＝

検

⑥ 仮説検定 [教科書 p. 152〜153]

p.153 問 18　右の表は，正しく作られた 1 枚のコインを 10 回投げることをくり返したとき，表が出る回数の相対度数を調べたものである。ある 1 枚のコインをくり返し 10 回投げたところ，表が 1 回出た。このコインが正しく作られているか，仮説検定の考えを用いて判断しなさい。

表が出る回数	相対度数
0	0.001
1	0.010
2	0.044
3	0.117
4	0.205
5	0.246
6	0.205
7	0.117
8	0.044
9	0.010
10	0.001

練習問題

① 右の表は，正しく作られた 1 枚のコインを 8 回投げることをくり返したとき，表が出る回数の相対度数を調べたものである。

ある 1 枚のコインをくり返し 8 回投げたところ，表が 1 回出た。このコインが正しくつくられているか，仮説検定の考えを用いて判断しなさい。

表が出る回数	相対度数
0	0.004
1	0.031
2	0.109
3	0.219
4	0.273
5	0.219
6	0.109
7	0.031
8	0.004

Exercise ［教科書 p. 154］

1 次のデータは，あるクラスの生徒 40 人について，1 年間に図書室で借りた本の冊数を示したものである。

度数分布表とヒストグラムをつくりなさい。

階級（冊）	度数（人）
0以上 ～ 5未満	
5 ～10	
10 ～15	
15 ～20	
20 ～25	
25 ～30	
30 ～35	
計	

```
13   3  24  30   6  13  19  12   1  17
32  10   9  21  10  14  19  20   4   4
11  20  22   8  18   2  28  11  19   8
17  14  15  30  22  12  18  24   6  12
```

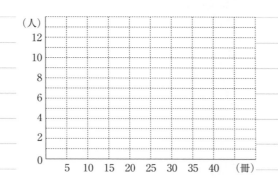

2 次のデータは，ある生徒 7 人について，持っている音楽 CD の枚数を示したものである。平均値と中央値を求めなさい。

| 13 | 14 | 15 | 17 | 18 | 23 | 250 | （枚） |

検

3 次の表は，ある生徒 8 人について，握力を示したものである。

生徒	A	B	C	D	E	F	G	H
握力 (kg)	14	16	17	19	21	24	28	29

(1) 5 数要約で表しなさい。

最小値	第 1 四分位数	第 2 四分位数	第 3 四分位数	最大値

(kg)

(2) 箱ひげ図をかきなさい。

(3) 四分位範囲を求めなさい。

(4) 平均値と標準偏差を求めなさい。

4 次の表は，ある生徒10人について，数学と英語の小テストの得点を示したものである。2つのデータの相関係数を，四捨五入して小数第2位まで求めなさい。

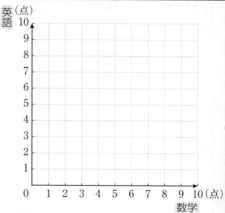

生徒	A	B	C	D	E	F	G	H	I	J
数学（点）	3	5	4	5	6	7	8	5	8	9
英語（点）	6	7	7	8	6	8	10	3	9	6

生徒	X	Y	$X-$平均	$Y-$平均	$(X-$平均$)^2$	$(Y-$平均$)^2$	$(X-$平均$)(Y-$平均$)$
A	3	6					
B	5	7					
C	4	7					
D	5	8					
E	6	6					
F	7	8					
G	8	10					
H	5	3					
I	8	9					
J	9	6					
計							

（X の平均値）＝　　　　　　　　　　　（Y の平均値）＝

（X の標準偏差）＝　　　　　　　　　　（Y の標準偏差）＝

（X と Y の偏差の積の平均値）＝　　　　（相関係数）＝

考えてみよう！

(1) コンピュータや電卓を用いて，5章で学んだことを活用して，**1**のデータについていろいろな分析をしてみよう。

(2) **2**のデータについて 250 が外れ値であるか調べてみよう。

平方・平方根の表

n	n^2	$\sqrt{n}$	$\sqrt{10n}$	n	n^2	$\sqrt{n}$	$\sqrt{10n}$
1	1	1.0000	3.1623	51	2601	7.1414	22.5832
2	4	1.4142	4.4721	52	2704	7.2111	22.8035
3	9	1.7321	5.4772	53	2809	7.2801	23.0217
4	16	2.0000	6.3246	54	2916	7.3485	23.2379
5	25	2.2361	7.0711	55	3025	7.4162	23.4521
6	36	2.4495	7.7460	56	3136	7.4833	23.6643
7	49	2.6458	8.3666	57	3249	7.5498	23.8747
8	64	2.8284	8.9443	58	3364	7.6158	24.0832
9	81	3.0000	9.4868	59	3481	7.6811	24.2899
10	100	3.1623	10.0000	60	3600	7.7460	24.4949
11	121	3.3166	10.4881	61	3721	7.8102	24.6982
12	144	3.4641	10.9545	62	3844	7.8740	24.8998
13	169	3.6056	11.4018	63	3969	7.9373	25.0998
14	196	3.7417	11.8322	64	4096	8.0000	25.2982
15	225	3.8730	12.2474	65	4225	8.0623	25.4951
16	256	4.0000	12.6491	66	4356	8.1240	25.6905
17	289	4.1231	13.0384	67	4489	8.1854	25.8844
18	324	4.2426	13.4164	68	4624	8.2462	26.0768
19	361	4.3589	13.7840	69	4761	8.3066	26.2679
20	400	4.4721	14.1421	70	4900	8.3666	26.4575
21	441	4.5826	14.4914	71	5041	8.4261	26.6458
22	484	4.6904	14.8324	72	5184	8.4853	26.8328
23	529	4.7958	15.1658	73	5329	8.5440	27.0185
24	576	4.8990	15.4919	74	5476	8.6023	27.2029
25	625	5.0000	15.8114	75	5625	8.6603	27.3861
26	676	5.0990	16.1245	76	5776	8.7178	27.5681
27	729	5.1962	16.4317	77	5929	8.7750	27.7489
28	784	5.2915	16.7332	78	6084	8.8318	27.9285
29	841	5.3852	17.0294	79	6241	8.8882	28.1069
30	900	5.4772	17.3205	80	6400	8.9443	28.2843
31	961	5.5678	17.6068	81	6561	9.0000	28.4605
32	1024	5.6569	17.8885	82	6724	9.0554	28.6356
33	1089	5.7446	18.1659	83	6889	9.1104	28.8097
34	1156	5.8310	18.4391	84	7056	9.1652	28.9828
35	1225	5.9161	18.7083	85	7225	9.2195	29.1548
36	1296	6.0000	18.9737	86	7396	9.2736	29.3258
37	1369	6.0828	19.2354	87	7569	9.3274	29.4958
38	1444	6.1644	19.4936	88	7744	9.3808	29.6648
39	1521	6.2450	19.7484	89	7921	9.4340	29.8329
40	1600	6.3246	20.0000	90	8100	9.4868	30.0000
41	1681	6.4031	20.2485	91	8281	9.5394	30.1662
42	1764	6.4807	20.4939	92	8464	9.5917	30.3315
43	1849	6.5574	20.7364	93	8649	9.6437	30.4959
44	1936	6.6332	20.9762	94	8836	9.6954	30.6594
45	2025	6.7082	21.2132	95	9025	9.7468	30.8221
46	2116	6.7823	21.4476	96	9216	9.7980	30.9839
47	2209	6.8557	21.6795	97	9409	9.8489	31.1448
48	2304	6.9282	21.9089	98	9604	9.8995	31.3050
49	2401	7.0000	22.1359	99	9801	9.9499	31.4643
50	2500	7.0711	22.3607	100	10000	10.0000	31.6228

三角比の表

A	sin A	cos A	tan A	A	sin A	cos A	tan A
0°	0.0000	1.0000	0.0000	45°	0.7071	0.7071	1.0000
1°	0.0175	0.9998	0.0175	46°	0.7193	0.6947	1.0355
2°	0.0349	0.9994	0.0349	47°	0.7314	0.6820	1.0724
3°	0.0523	0.9986	0.0524	48°	0.7431	0.6691	1.1106
4°	0.0698	0.9976	0.0699	49°	0.7547	0.6561	1.1504
5°	0.0872	0.9962	0.0875	50°	0.7660	0.6428	1.1918
6°	0.1045	0.9945	0.1051	51°	0.7771	0.6293	1.2349
7°	0.1219	0.9925	0.1228	52°	0.7880	0.6157	1.2799
8°	0.1392	0.9903	0.1405	53°	0.7986	0.6018	1.3270
9°	0.1564	0.9877	0.1584	54°	0.8090	0.5878	1.3764
10°	0.1736	0.9848	0.1763	55°	0.8192	0.5736	1.4281
11°	0.1908	0.9816	0.1944	56°	0.8290	0.5592	1.4826
12°	0.2079	0.9781	0.2126	57°	0.8387	0.5446	1.5399
13°	0.2250	0.9744	0.2309	58°	0.8480	0.5299	1.6003
14°	0.2419	0.9703	0.2493	59°	0.8572	0.5150	1.6643
15°	0.2588	0.9659	0.2679	60°	0.8660	0.5000	1.7321
16°	0.2756	0.9613	0.2867	61°	0.8746	0.4848	1.8040
17°	0.2924	0.9563	0.3057	62°	0.8829	0.4695	1.8807
18°	0.3090	0.9511	0.3249	63°	0.8910	0.4540	1.9626
19°	0.3256	0.9455	0.3443	64°	0.8988	0.4384	2.0503
20°	0.3420	0.9397	0.3640	65°	0.9063	0.4226	2.1445
21°	0.3584	0.9336	0.3839	66°	0.9135	0.4067	2.2460
22°	0.3746	0.9272	0.4040	67°	0.9205	0.3907	2.3559
23°	0.3907	0.9205	0.4245	68°	0.9272	0.3746	2.4751
24°	0.4067	0.9135	0.4452	69°	0.9336	0.3584	2.6051
25°	0.4226	0.9063	0.4663	70°	0.9397	0.3420	2.7475
26°	0.4384	0.8988	0.4877	71°	0.9455	0.3256	2.9042
27°	0.4540	0.8910	0.5095	72°	0.9511	0.3090	3.0777
28°	0.4695	0.8829	0.5317	73°	0.9563	0.2924	3.2709
29°	0.4848	0.8746	0.5543	74°	0.9613	0.2756	3.4874
30°	0.5000	0.8660	0.5774	75°	0.9659	0.2588	3.7321
31°	0.5150	0.8572	0.6009	76°	0.9703	0.2419	4.0108
32°	0.5299	0.8480	0.6249	77°	0.9744	0.2250	4.3315
33°	0.5446	0.8387	0.6494	78°	0.9781	0.2079	4.7046
34°	0.5592	0.8290	0.6745	79°	0.9816	0.1908	5.1446
35°	0.5736	0.8192	0.7002	80°	0.9848	0.1736	5.6713
36°	0.5878	0.8090	0.7265	81°	0.9877	0.1564	6.3138
37°	0.6018	0.7986	0.7536	82°	0.9903	0.1392	7.1154
38°	0.6157	0.7880	0.7813	83°	0.9925	0.1219	8.1443
39°	0.6293	0.7771	0.8098	84°	0.9945	0.1045	9.5144
40°	0.6428	0.7660	0.8391	85°	0.9962	0.0872	11.4301
41°	0.6561	0.7547	0.8693	86°	0.9976	0.0698	14.3007
42°	0.6691	0.7431	0.9004	87°	0.9986	0.0523	19.0811
43°	0.6820	0.7314	0.9325	88°	0.9994	0.0349	28.6363
44°	0.6947	0.7193	0.9657	89°	0.9998	0.0175	57.2900
45°	0.7071	0.7071	1.0000	90°	1.0000	0.0000	——

高校数学Ⅰ専用スタディノート

表紙デザイン
エッジ・デザインオフィス

● 編　者 —— 実教出版編修部

● 発行者 —— 小田　良次

● 印刷所 —— 株式会社　太　洋　社

● 発行所 —— 実教出版株式会社

〒102-8377
東京都千代田区五番町5
電　話 〈営業〉(03) 3238-7777
〈編修〉(03) 3238-7785
〈総務〉(03) 3238-7700
https://www.jikkyo.co.jp/

002402022

ISBN 978-4-407-36030-1

Warm-up　　　　　　　　　　　　　　　　　p.2

問 1　(1)　$-1+4=\textbf{3}$

(2)　$-6-8=\textbf{-14}$

(3)　$-5+(-4)=-5-4=\textbf{-9}$

(4)　$1-(-7)=1+7=\textbf{8}$

(5)　$10+(-6)-(-8)=10-6+8=\textbf{12}$

(6)　$-2-(-5)-7=-2+5-7=\textbf{-4}$

問 2　(1)　$(-6)\times(-7)=+(6\times7)=\textbf{42}$

(2)　$(-5)\times9=-(5\times9)=\textbf{-45}$

(3)　$(-20)\div(-5)=+(20\div5)=\textbf{4}$

(4)　$48\div(-3)=-(48\div3)=\textbf{-16}$

(5)　$(-3)^2=(-3)\times(-3)=\textbf{9}$

(6)　$-3^2=-(3\times3)=\textbf{-9}$

(7)　$10\times(-2)^2\times(-3)=10\times4\times(-3)=\textbf{-120}$

(8)　$(-2^3)\times(-9)\div(-6)=-8\times(-9)\div(-6)=\textbf{-12}$

問 3　(1)　$\dfrac{3}{8}+\dfrac{7}{8}=\dfrac{10}{8}=\dfrac{\textbf{5}}{\textbf{4}}$

(2)　$\dfrac{2}{5}-\dfrac{3}{4}=\dfrac{8}{20}-\dfrac{15}{20}=-\dfrac{\textbf{7}}{\textbf{20}}$

(3)　$\left(-\dfrac{3}{5}\right)\times\dfrac{5}{6}=-\dfrac{3\times5}{5\times6}=-\dfrac{\textbf{1}}{\textbf{2}}$

(4)　$\dfrac{2}{5}\div\left(-\dfrac{3}{10}\right)=-\dfrac{2}{5}\times\dfrac{10}{3}=-\dfrac{\textbf{4}}{\textbf{3}}$

(5)　$\dfrac{5}{6}\times\left(-\dfrac{2}{3}\right)\div\left(-\dfrac{10}{9}\right)=\dfrac{5}{6}\times\dfrac{2}{3}\times\dfrac{9}{10}=\dfrac{\textbf{1}}{\textbf{2}}$

(6)　$\dfrac{1}{2}+\dfrac{15}{8}\div\left(-\dfrac{9}{4}\right)=\dfrac{1}{2}-\dfrac{15}{8}\times\dfrac{4}{9}$

$=\dfrac{1}{2}-\dfrac{5}{6}=\dfrac{3}{6}-\dfrac{5}{6}=-\dfrac{2}{6}=-\dfrac{\textbf{1}}{\textbf{3}}$

問 4　(1)　$30=\textbf{2}\times\textbf{3}\times\textbf{5}$

(2)　$84=2\times2\times3\times7=\textbf{2}^2\times\textbf{3}\times\textbf{7}$

(3)　$72=2\times2\times2\times3\times3=\textbf{2}^3\times\textbf{3}^2$

問 5　(1)　$\sqrt{2}\times\sqrt{7}=\sqrt{2\times7}=\sqrt{\textbf{14}}$

(2)　$2\sqrt{7}\times5\sqrt{6}=2\times5\times\sqrt{7}\times\sqrt{6}$

$=\textbf{10}\sqrt{\textbf{42}}$

(3)　$\sqrt{5}\times3\sqrt{5}=3\times\sqrt{5}\times\sqrt{5}$

$=3\times5=\textbf{15}$

(4)　$\sqrt{18}\times\sqrt{45}=3\sqrt{2}\times3\sqrt{5}$

$=3\times3\times\sqrt{2}\times\sqrt{5}$

$=\textbf{9}\sqrt{\textbf{10}}$

(5)　$\sqrt{8}\times\sqrt{54}=2\sqrt{2}\times3\sqrt{6}$

$=2\times3\times\sqrt{2}\times\sqrt{6}$

$=6\sqrt{12}=6\times2\sqrt{3}$

$=\textbf{12}\sqrt{\textbf{3}}$

(6)　$\sqrt{72}\times\sqrt{40}=6\sqrt{2}\times2\sqrt{10}$

$=6\times2\times\sqrt{2}\times\sqrt{10}$

$=12\sqrt{20}=12\times2\sqrt{5}=\textbf{24}\sqrt{\textbf{5}}$

(7)　$\sqrt{6}\times\sqrt{24}=\sqrt{6}\times2\sqrt{6}$

$=2\times\sqrt{6}\times\sqrt{6}=2\times6=\textbf{12}$

(8)　$\sqrt{32}\times\sqrt{18}=4\sqrt{2}\times3\sqrt{2}$

$=4\times3\times\sqrt{2}\times\sqrt{2}=12\times2=\textbf{24}$

問 6　(1)　$2x-x-3x=(2-1-3)x=\textbf{-2}\textbf{x}$

(2)　$-3a+5b-6a-b=(-3-6)a+(5-1)b$

$=\textbf{-9}\textbf{a}+\textbf{4}\textbf{b}$

(3)　$4a-2-(6a+2)=4a-2-6a-2=\textbf{-2}\textbf{a}-\textbf{4}$

(4)　$2a\times(-3b^2)=2\times(-3)\times a\times b^2$

$=\textbf{-6}\textbf{a}\textbf{b}^2$

(5)　$(-9a^2)\div(-3a)$

$=\dfrac{(-9)\times a\times a}{(-3)\times a}$

$=\textbf{3}\textbf{a}$

(6)　$2xy\times(-3x)\div6x^2y$

$=\dfrac{2\times(-3)\times x\times y\times x}{6\times x\times x\times y}$

$=\textbf{-1}$

①文字を使った式のきまり・整式(1)　p.4

問 1　(1)　$b\times a\times b\times5=\textbf{5}\textbf{a}\textbf{b}^2$

(2)　$b\times b\times1\times c\times c\times c=\textbf{b}^2\textbf{c}^3$

(3)　$y\times y\times x\times(-1)=\textbf{-x}\textbf{y}^2$

(4)　$y\times(-3)+z\times x=\textbf{-3}\textbf{y}+\textbf{x}\textbf{z}$

問 2　(1)　$a\times3\div b=\dfrac{\textbf{3}\textbf{a}}{\textbf{b}}$

(2)　$x\div(-4)=\dfrac{x}{-4}=-\dfrac{\textbf{x}}{\textbf{4}}$

(3)　$y\div x\times4=\dfrac{\textbf{4}\textbf{y}}{\textbf{x}}$

(4)　$a\times a\times5-(b+1)\div c=\textbf{5}\textbf{a}^2-\dfrac{\textbf{b+1}}{\textbf{c}}$

問 3　$\textbf{70}\textbf{a}\textbf{b}+\textbf{150}\textbf{c}$（円）

問 4 (1) 次数 1，係数 5 (2) 次数 2，係数 3

(3) 次数 5，係数 1 (4) 次数 4，係数 -2

(5) 次数 3，係数 $\dfrac{1}{3}$ (6) 次数 4，係数 -1

問 5 (1) 次数 1，定数項 3

(2) 次数 2，定数項 4

(3) 次数 3，定数項 -1

(4) 次数 3，定数項なし

練習問題

① (1) $a \times b \times a \times 3 = 3a^2b$

(2) $b \times b \times b \times c \times c \times 1 = b^3c^2$

(3) $x \times y \times x \times (-1) = -x^2y$

(4) $x \times (-4) + z \times y = -4x + yz$

② (1) $b \times 2 \div a = \dfrac{2b}{a}$

(2) $x \div (-3) = -\dfrac{x}{3}$

(3) $x \div y \times 2 = \dfrac{2x}{y}$

(4) $(a+3) \div b + c \times c \times 2 = \dfrac{a+3}{b} + 2c^2$

③ $300ab + 120c$ （円）

④ (1) 次数 1，係数 3 (2) 次数 4，係数 2

(3) 次数 3，係数 1 (4) 次数 2，係数 -5

(5) 次数 3，係数 $\dfrac{3}{4}$ (6) 次数 6，係数 -2

⑤ (1) 次数 1，定数項 4

(2) 次数 2，定数項 -5

(3) 次数 3，定数項 1

(4) 次数 3，定数項なし

② 整式(2)   p.6

問 6 (1) 2 次式 (2) 3 次式 (3) 4 次式

問 7 (1) $4x - 3x^3 + 2x^2 - 1 + x^4$
$= x^4 - 3x^3 + 2x^2 + 4x - 1$

(2) $6 - x^3 - 4x + x^2 = -x^3 + x^2 - 4x + 6$

(3) $x + 1 + 3x + 4 = x + 3x + 1 + 4$
$\qquad\qquad\qquad = 4x + 5$

(4) $x^2 - 4x + x - 3x^2 + 2$
$= x^2 - 3x^2 - 4x + x + 2$
$= -2x^2 - 3x + 2$

(5) $2x - x^2 + 4 + 2x^2 - x$
$= -x^2 + 2x^2 + 2x - x + 4$
$= x^2 + x + 4$

(6) $x^3 - 4x^2 - 3 - x^3 + x^2 - 1$
$= x^3 - x^3 - 4x^2 + x^2 - 3 - 1$
$= -3x^2 - 4$

問 8 (1) $3(x+4) = 3 \times x + 3 \times 4$
$\qquad\qquad\qquad = 3x + 12$

(2) $5(2a^2 - 4a + 3)$
$= 5 \times 2a^2 + 5 \times (-4a) + 5 \times 3$
$= 10a^2 - 20a + 15$

(3) $-(3a^2 - 2a + 4)$
$= (-1) \times 3a^2 + (-1) \times (-2a) + (-1) \times 4$
$= -3a^2 + 2a - 4$

(4) $-2(x^2 - x - 1)$
$= (-2) \times x^2 + (-2) \times (-x) + (-2) \times (-1)$
$= -2x^2 + 2x + 2$

問 9 (1) $3\{2(a-b) + 3c\}$
$= 3\{2 \times a + 2 \times (-b) + 3c\}$
$= 3(2a - 2b + 3c)$
$= 3 \times 2a + 3 \times (-2b) + 3 \times 3c$
$= 6a - 6b + 9c$

(2) $-4\{3a - 2(b-1)\}$
$= -4\{3a + (-2) \times b + (-2) \times (-1)\}$
$= -4(3a - 2b + 2)$
$= -4 \times 3a - 4 \times (-2b) - 4 \times 2$
$= -12a + 8b - 8$

練習問題

① (1) 2 次式 (2) 4 次式 (3) 3 次式

② (1) $2x + 4x^3 + x^2 - 3 + x^4$
$\qquad = x^4 + 4x^3 + x^2 + 2x - 3$

(2) $3 - 2x^3 + 7x - x^2 = -2x^3 - x^2 + 7x + 3$

(3) $x - 5 + 2x + 3$
$= x + 2x - 5 + 3$
$= 3x - 2$

(4) $x^2 + 2x - 5x - 4x^2 + 8$
$= x^2 - 4x^2 + 2x - 5x + 8$
$= -3x^2 - 3x + 8$

(5) $3x - 2x^2 + 6 + x^2 - 4x$
$= -2x^2 + x^2 + 3x - 4x + 6$
$= -x^2 - x + 6$

(6) $x^3 - 5x^2 - 3 - 2x^3 + 5x^2 - 7$
$= x^3 - 2x^3 - 5x^2 + 5x^2 - 3 - 7$
$= -x^3 - 10$

③ (1) $2(x+1) = 2x+2$

(2) $3(2a^2+3a-2) = 6a^2+9a-6$

(3) $-(2a^2-a-2)$

$= (-1)\times 2a^2 + (-1)\times(-a) + (-1)\times(-2)$

$= -2a^2+a+2$

(4) $-5(x^2+x-1) = -5x^2-5x+5$

④ (1) $2\{2a+3(b-c)\}$

$= 2\{2a+3\times b+3\times(-c)\}$

$= 2(2a+3b-3c)$

$= 4a+6b-6c$

(2) $-3\{a-3(2b-1)\}$

$= -3\{a+(-3)\times 2b+(-3)\times(-1)\}$

$= -3(a-6b+3) = -3a+18b-9$

③ 整式の加法・減法(1)　　　　　　　p.8

問 10 (1) $A+B$

$= (4x^2+3x-1)+(x^2-x-2)$

$= 4x^2+3x-1+x^2-x-2$

$= 4x^2+x^2+3x-x-1-2$

$= 5x^2+2x-3$

$A-B$

$= (4x^2+3x-1)-(x^2-x-2)$

$= 4x^2+3x-1-x^2+x+2$

$= 4x^2-x^2+3x+x-1+2$

$= 3x^2+4x+1$

(2) $A+B$

$= (-x^2+5x+2)+(2x^2+4x-3)$

$= -x^2+5x+2+2x^2+4x-3$

$= -x^2+2x^2+5x+4x+2-3$

$= x^2+9x-1$

$A-B$

$= (-x^2+5x+2)-(2x^2+4x-3)$

$= -x^2+5x+2-2x^2-4x+3$

$= -x^2-2x^2+5x-4x+2+3$

$= -3x^2+x+5$

(3) $A+B$

$= (x^2+4x-3)+(-2x^2-4x)$

$= x^2+4x-3-2x^2-4x$

$= x^2-2x^2+4x-4x-3$

$= -x^2-3$

$A-B$

$= (x^2+4x-3)-(-2x^2-4x)$

$= x^2+4x-3+2x^2+4x$

$= x^2+2x^2+4x+4x-3$

$= 3x^2+8x-3$

練習問題

① (1) $A+B$

$= (2x^2-x+3)+(x^2+2x+1)$

$= 2x^2-x+3+x^2+2x+1$

$= 2x^2+x^2-x+2x+3+1$

$= 3x^2+x+4$

$A-B$

$= (2x^2-x+3)-(x^2+2x+1)$

$= 2x^2-x+3-x^2-2x-1$

$= 2x^2-x^2-x-2x+3-1$

$= x^2-3x+2$

(2) $A+B$

$= (-3x^2+2x+5)+(2x^2-3x+6)$

$= -3x^2+2x+5+2x^2-3x+6$

$= -3x^2+2x^2+2x-3x+5+6$

$= -x^2-x+11$

$A-B$

$= (-3x^2+2x+5)-(2x^2-3x+6)$

$= -3x^2+2x+5-2x^2+3x-6$

$= -3x^2-2x^2+2x+3x+5-6$

$= -5x^2+5x-1$

(3) $A+B$

$= (5x^2-7x+3)+(-2x^2+7x)$

$= 5x^2-7x+3-2x^2+7x$

$= 5x^2-2x^2-7x+7x+3$

$= 3x^2+3$

$A-B$

$= (5x^2-7x+3)-(-2x^2+7x)$

$= 5x^2-7x+3+2x^2-7x$

$= 5x^2+2x^2-7x-7x+3$

$= 7x^2-14x+3$

④ 整式の加法・減法(2)　　　　　　　p.10

問 11 (1) $3A = 3(4x^2+2x-5)$

$= 12x^2+6x-15$

(2)　$2A + 3B$

$\quad = 2(4x^2 + 2x - 5) + 3(3x^2 - x + 1)$

$\quad = 8x^2 + 4x - 10 + 9x^2 - 3x + 3$

$\quad = 8x^2 + 9x^2 + 4x - 3x - 10 + 3$

$\quad = \boldsymbol{17x^2 + x - 7}$

(3)　$-2A + 5B$

$\quad = -2(4x^2 + 2x - 5) + 5(3x^2 - x + 1)$

$\quad = -8x^2 - 4x + 10 + 15x^2 - 5x + 5$

$\quad = -8x^2 + 15x^2 - 4x - 5x + 10 + 5$

$\quad = \boldsymbol{7x^2 - 9x + 15}$

(4)　$-A - 3B$

$\quad = -(4x^2 + 2x - 5) - 3(3x^2 - x + 1)$

$\quad = -4x^2 - 2x + 5 - 9x^2 + 3x - 3$

$\quad = -4x^2 - 9x^2 - 2x + 3x + 5 - 3$

$\quad = \boldsymbol{-13x^2 + x + 2}$

練習問題

① (1)　$2A = 2(3x^2 - 2x + 1)$

$\qquad\quad = \boldsymbol{6x^2 - 4x + 2}$

(2)　$3A - 2B$

$\quad = 3(3x^2 - 2x + 1) - 2(2x^2 + x - 3)$

$\quad = 9x^2 - 6x + 3 - 4x^2 - 2x + 6$

$\quad = 9x^2 - 4x^2 - 6x - 2x + 3 + 6$

$\quad = \boldsymbol{5x^2 - 8x + 9}$

(3)　$-A + 2B$

$\quad = -(3x^2 - 2x + 1) + 2(2x^2 + x - 3)$

$\quad = -3x^2 + 2x - 1 + 4x^2 + 2x - 6$

$\quad = -3x^2 + 4x^2 + 2x + 2x - 1 - 6$

$\quad = \boldsymbol{x^2 + 4x - 7}$

(4)　$-2A - 5B$

$\quad = -2(3x^2 - 2x + 1) - 5(2x^2 + x - 3)$

$\quad = -6x^2 + 4x - 2 - 10x^2 - 5x + 15$

$\quad = -6x^2 - 10x^2 + 4x - 5x - 2 + 15$

$\quad = \boldsymbol{-16x^2 - x + 13}$

⑤整式の加法・減法(3)　　　p.12

プラス問題 1

(1)　$A + B$

$\quad = (3x^2 - x + 2) + (2x^2 + 3x - 4)$

$\quad = 3x^2 - x + 2 + 2x^2 + 3x - 4$

$\quad = 3x^2 + 2x^2 - x + 3x + 2 - 4$

$\quad = \boldsymbol{5x^2 + 2x - 2}$

(2)　$A - B$

$\quad = (3x^2 - x + 2) - (2x^2 + 3x - 4)$

$\quad = 3x^2 - x + 2 - 2x^2 - 3x + 4$

$\quad = 3x^2 - 2x^2 - x - 3x + 2 + 4$

$\quad = \boldsymbol{x^2 - 4x + 6}$

(3)　$3A + 2B$

$\quad = 3(3x^2 - x + 2) + 2(2x^2 + 3x - 4)$

$\quad = 9x^2 - 3x + 6 + 4x^2 + 6x - 8$

$\quad = 9x^2 + 4x^2 - 3x + 6x + 6 - 8$

$\quad = \boldsymbol{13x^2 + 3x - 2}$

(4)　$2A - 3B$

$\quad = 2(3x^2 - x + 2) - 3(2x^2 + 3x - 4)$

$\quad = 6x^2 - 2x + 4 - 6x^2 - 9x + 12$

$\quad = 6x^2 - 6x^2 - 2x - 9x + 4 + 12$

$\quad = \boldsymbol{-11x + 16}$

(5)　$4(2A - B) - (6A - 5B)$

$\quad = 8A - 4B - 6A + 5B$

$\quad = (8A - 6A) + (-4B + 5B)$

$\quad = 2A + B$

$\quad = 2(3x^2 - x + 2) + (2x^2 + 3x - 4)$

$\quad = 6x^2 - 2x + 4 + 2x^2 + 3x - 4$

$\quad = 6x^2 + 2x^2 - 2x + 3x + 4 - 4$

$\quad = \boldsymbol{8x^2 + x}$

(6)　$8(3B - A) + 6(A - 4B)$

$\quad = 24B - 8A + 6A - 24B$

$\quad = (-8A + 6A) + (24B - 24B)$

$\quad = -2A$

$\quad = -2(3x^2 - x + 2)$

$\quad = \boldsymbol{-6x^2 + 2x - 4}$

(7)　$5(5A + 4B) - 7(4A + 3B)$

$\quad = 25A + 20B - 28A - 21B$

$\quad = (25A - 28A) + (20B - 21B)$

$\quad = -3A - B$

$\quad = -3(3x^2 - x + 2) - (2x^2 + 3x - 4)$

$\quad = -9x^2 + 3x - 6 - 2x^2 - 3x + 4$

$\quad = -9x^2 - 2x^2 + 3x - 3x - 6 + 4$

$\quad = \boldsymbol{-11x^2 - 2}$

練習問題

①

(1)　$A + B$

$\quad = (3x^2 - 2x - 4) + (x^2 + x - 2)$

$\qquad = 3x^2 + x^2 - 2x + x - 4 - 2$

$\qquad = \boldsymbol{4x^2 - x - 6}$

$(2)\quad A - B$

$\qquad = (3x^2 - 2x - 4) - (x^2 + x - 2)$

$\qquad = 3x^2 - 2x - 4 - x^2 - x + 2$

$\qquad = 3x^2 - x^2 - 2x - x - 4 + 2$

$\qquad = \boldsymbol{2x^2 - 3x - 2}$

$(3)\quad 4A + 3B$

$\qquad = 4(3x^2 - 2x - 4) + 3(x^2 + x - 2)$

$\qquad = 12x^2 - 8x - 16 + 3x^2 + 3x - 6$

$\qquad = 12x^2 + 3x^2 - 8x + 3x - 16 - 6$

$\qquad = \boldsymbol{15x^2 - 5x - 22}$

$(4)\quad 2A - 6B$

$\qquad = 2(3x^2 - 2x - 4) - 6(x^2 + x - 2)$

$\qquad = 6x^2 - 4x - 8 - 6x^2 - 6x + 12$

$\qquad = 6x^2 - 6x^2 - 4x - 6x - 8 + 12$

$\qquad = \boldsymbol{-10x + 4}$

$(5)\quad 5(A - B) - (4A - 3B)$

$\qquad = 5A - 5B - 4A + 3B$

$\qquad = (5A - 4A) + (-5B + 3B)$

$\qquad = A - 2B$

$\qquad = (3x^2 - 2x - 4) - 2(x^2 + x - 2)$

$\qquad = 3x^2 - 2x - 4 - 2x^2 - 2x + 4$

$\qquad = 3x^2 - 2x^2 - 2x - 2x - 4 + 4$

$\qquad = \boldsymbol{x^2 - 4x}$

$(6)\quad 6(2B + A) - 3(A + 4B)$

$\qquad = 12B + 6A - 3A - 12B$

$\qquad = (6A - 3A) + (12B - 12B)$

$\qquad = 3A$

$\qquad = 3(3x^2 - 2x - 4)$

$\qquad = \boldsymbol{9x^2 - 6x - 12}$

$(7)\quad 4(4A + 3B) - 3(5A + 3B)$

$\qquad = 16A + 12B - 15A - 9B$

$\qquad = (16A - 15A) + (12B - 9B)$

$\qquad = A + 3B$

$\qquad = (3x^2 - 2x - 4) + 3(x^2 + x - 2)$

$\qquad = 3x^2 - 2x - 4 + 3x^2 + 3x - 6$

$\qquad = 3x^2 + 3x^2 - 2x + 3x - 4 - 6$

$\qquad = \boldsymbol{6x^2 + x - 10}$

⑥整式の乗法(1)　　　　　p.14

問 12　$(1)\quad x^4 \times x^5 = x^{4+5} = \boldsymbol{x^9}$

$(2)\quad y \times y^5 = y^{1+5} = \boldsymbol{y^6}$

$(3)\quad (x^7)^3 = x^{7 \times 3} = \boldsymbol{x^{21}}$

$(4)\quad (xy)^5 = \boldsymbol{x^5 y^5}$

問 13　$(1)\quad 4x^2 \times 3x^4 = (4 \times 3) \times (x^2 \times x^4)$

$\qquad\qquad\qquad = 12 \times x^{2+4} = \boldsymbol{12x^6}$

$(2)\quad 3a^4 \times (-2a^3) = 3 \times (-2) \times (a^4 \times a^3)$

$\qquad\qquad\qquad = -6 \times a^{4+3} = \boldsymbol{-6a^7}$

$(3)\quad x^2 y^3 \times 3x^3 y = 3 \times (x^2 \times x^3) \times (y^3 \times y)$

$\qquad\qquad\qquad = 3 \times x^{2+3} \times y^{3+1} = \boldsymbol{3x^5 y^4}$

$(4)\quad 2a^2 b \times (-3ab) = 2 \times (-3) \times (a^2 \times a) \times (b \times b)$

$\qquad\qquad\qquad = -6 \times a^{2+1} \times b^{1+1} = \boldsymbol{-6a^3 b^2}$

$(5)\quad (3x^2 y^3)^2 = 3^2 \times (x^2)^2 \times (y^3)^2$

$\qquad\qquad\qquad = 9 \times x^{2 \times 2} \times y^{3 \times 2} = \boldsymbol{9x^4 y^6}$

$(6)\quad (-3ab^2)^3 = (-3)^3 \times a^3 \times (b^2)^3$

$\qquad\qquad\qquad = -27 \times a^3 \times b^{2 \times 3} = \boldsymbol{-27a^3 b^6}$

$(7)\quad (4x^2 y)^2 \times (-2xy^2)$

$\qquad = 4^2 \times (x^2)^2 \times y^2 \times (-2) \times x \times y^2$

$\qquad = 16 \times x^{2 \times 2} \times y^2 \times (-2) \times x \times y^2$

$\qquad = 16 \times (-2) \times (x^4 \times x) \times (y^2 \times y^2)$

$\qquad = -32 \times x^{4+1} \times y^{2+2}$

$\qquad = \boldsymbol{-32x^5 y^4}$

$(8)\quad (-ab^3)^2 \times 2a^3 b \times (-3a^2 b^2)$

$\qquad = (-1)^2 \times a^2 \times (b^3)^2 \times 2 \times a^3 \times b \times (-3) \times a^2 \times b^2$

$\qquad = 1 \times a^2 \times b^{3 \times 2} \times 2 \times a^3 \times b \times (-3) \times a^2 \times b^2$

$\qquad = 1 \times 2 \times (-3) \times (a^2 \times a^3 \times a^2) \times (b^6 \times b \times b^2)$

$\qquad = -6 \times a^{2+3+2} \times b^{6+1+2}$

$\qquad = \boldsymbol{-6a^7 b^9}$

プラス問題 ②

$(1)\quad (-5a^2) \times (-6a^4) = (-5) \times (-6) \times (a^2 \times a^4)$

$\qquad\qquad\qquad = 30 \times a^{2+4} = \boldsymbol{30a^6}$

$(2)\quad -7x^2 y^4 \times (-xy^3)^2 = -7 \times x^2 \times y^4 \times (-x)^2 \times (y^3)^2$

$\qquad\qquad\qquad = -7 \times x^2 \times y^4 \times x^2 \times y^6$

$\qquad\qquad\qquad = -7 \times x^{2+2} \times y^{4+6}$

$\qquad\qquad\qquad = \boldsymbol{-7x^4 y^{10}}$

$(3)\quad 3x^3 \times (-2x^2) \times 5x = 3 \times (-2) \times 5 \times x^3 \times x^2 \times x$

$\qquad\qquad\qquad = -30 \times x^{3+2+1} = \boldsymbol{-30x^6}$

$(4)\quad (-3x^2 yz^3)^3 = (-3)^3 \times (x^2)^3 \times y^3 \times (z^3)^3$

$\qquad\qquad\qquad = -27 \times x^{2 \times 3} \times y^3 \times z^{3 \times 3}$

$\qquad\qquad\qquad = \boldsymbol{-27x^6 y^3 z^9}$

(5) $(a^2b)^2 \times (-2ab)^3 = (a^2)^2 \times b^2 \times (-2)^3 \times a^3 \times b^3$

$= -8 \times a^{2 \times 2} \times a^3 \times b^2 \times b^3$

$= -8 \times a^{4+3} \times b^{2+3}$

$= \boldsymbol{-8a^7b^5}$

(6) $(-2x^2y)^2 \times 3xy^3 \times (-x^2y^2)^3$

$= (-2)^2 \times (x^2)^2 \times y^2 \times 3 \times x \times y^3 \times (-x^2)^3 \times (y^2)^3$

$= 4 \times 3 \times x^{2 \times 2} \times x \times (-x^{2 \times 3}) \times y^2 \times y^3 \times y^{2 \times 3}$

$= 12 \times x^4 \times x \times (-x^6) \times y^2 \times y^3 \times y^6$

$= -12 \times x^{4+1+6} \times y^{2+3+6}$

$= \boldsymbol{-12x^{11}y^{11}}$

問 14 (1) $5x(2x-3) = 5x \times 2x + 5x \times (-3)$

$= \boldsymbol{10x^2 - 15x}$

(2) $-x(3x+4) = -x \times 3x + (-x) \times 4$

$= \boldsymbol{-3x^2 - 4x}$

(3) $(3x+1) \times 2x^2 = 3x \times 2x^2 + 1 \times 2x^2$

$= \boldsymbol{6x^3 + 2x^2}$

(4) $(x-4) \times (-3x)$

$= x \times (-3x) + (-4) \times (-3x) = \boldsymbol{-3x^2 + 12x}$

(5) $2x(x^2 - 3x + 1)$

$= 2x \times x^2 + 2x \times (-3x) + 2x \times 1$

$= \boldsymbol{2x^3 - 6x^2 + 2x}$

(6) $-3x^2(2x^2 + 5x - 3)$

$= -3x^2 \times 2x^2 + (-3x^2) \times 5x + (-3x^2) \times (-3)$

$= \boldsymbol{-6x^4 - 15x^3 + 9x^2}$

(7) $(x^2 - 4x + 3) \times 7x^3$

$= x^2 \times 7x^3 + (-4x) \times 7x^3 + 3 \times 7x^3$

$= \boldsymbol{7x^5 - 28x^4 + 21x^3}$

(8) $(2x^2 + 3x - 5) \times (-4x)$

$= 2x^2 \times (-4x) + 3x \times (-4x) + (-5) \times (-4x)$

$= \boldsymbol{-8x^3 - 12x^2 + 20x}$

練習問題

① (1) $x^5 \times x^7 = x^{5+7} = \boldsymbol{x^{12}}$

(2) $y^4 \times y = y^{4+1} = \boldsymbol{y^5}$

(3) $(x^2)^3 = x^{2 \times 3} = \boldsymbol{x^6}$

(4) $(xy)^3 = \boldsymbol{x^3y^3}$

② (1) $5x^2 \times 2x^3 = (5 \times 2) \times (x^2 \times x^3)$

$= 10 \times x^{2+3}$

$= \boldsymbol{10x^5}$

(2) $2a^4 \times (-4a^5) = 2 \times (-4) \times (a^4 \times a^5)$

$= -8 \times a^{4+5}$

$= \boldsymbol{-8a^9}$

(3) $3x^2y \times xy^2 = 3 \times (x^2 \times x) \times (y \times y^2)$

$= 3 \times x^{2+1} \times y^{1+2}$

$= \boldsymbol{3x^3y^3}$

(4) $2ab^2 \times (-5a^3b) = 2 \times (-5) \times (a \times a^3) \times (b^2 \times b)$

$= -10 \times a^{1+3} \times b^{2+1}$

$= \boldsymbol{-10a^4b^3}$

(5) $(4x^3y^2)^2 = 4^2 \times (x^3)^2 \times (y^2)^2$

$= 16 \times x^{3 \times 2} \times y^{2 \times 2}$

$= \boldsymbol{16x^6y^4}$

(6) $(-2a^2b^3)^3 = (-2)^3 \times (a^2)^3 \times (b^3)^3$

$= -8 \times a^{2 \times 3} \times b^{3 \times 3}$

$= \boldsymbol{-8a^6b^9}$

(7) $(3xy^2)^2 \times (-4x^2y)$

$= 3^2 \times x^2 \times (y^2)^2 \times (-4) \times x^2 \times y$

$= 9 \times x^2 \times y^{2 \times 2} \times (-4) \times x^2 \times y$

$= 9 \times (-4) \times (x^2 \times x^2) \times (y^4 \times y)$

$= -36 \times x^{2+2} \times y^{4+1}$

$= \boldsymbol{-36x^4y^5}$

(8) $(-a^2b)^2 \times (-2ab^3) \times 4a^3b^2$

$= (-1)^2 \times (a^2)^2 \times b^2 \times (-2) \times a \times b^3 \times 4 \times a^3 \times b^2$

$= 1 \times a^{2 \times 2} \times b^2 \times (-2) \times a \times b^3 \times 4 \times a^3 \times b^2$

$= 1 \times (-2) \times 4 \times (a^4 \times a \times a^3) \times (b^2 \times b^3 \times b^2)$

$= -8 \times a^{4+1+3} \times b^{2+3+2}$

$= \boldsymbol{-8a^8b^7}$

③ (1) $(-4a^3) \times 2a^5 = (-4) \times 2 \times (a^3 \times a^5)$

$= -8 \times a^{3+5} = \boldsymbol{-8a^8}$

(2) $-5xy^3 \times (-x^2y)^3 = -5 \times x \times y^3 \times (-x^2)^3 \times y^3$

$= -5 \times x \times y^3 \times (-x^6) \times y^3$

$= 5 \times x^{1+6} \times y^{3+3}$

$= \boldsymbol{5x^7y^6}$

(3) $4x^3 \times (-3x) \times x^4 = 4 \times (-3) \times x^3 \times x \times x^4$

$= -12 \times x^{3+1+4}$

$= \boldsymbol{-12x^8}$

(4) $(2x^3y^2z)^3 = 2^3 \times (x^3)^3 \times (y^2)^3 \times z^3$

$= 8 \times x^{3 \times 3} \times y^{2 \times 3} \times z^3$

$= \boldsymbol{8x^9y^6z^3}$

(5) $(ab^2)^2 \times (-3ab)^2 = a^2 \times (b^2)^2 \times (-3)^2 \times a^2 \times b^2$

$= 9 \times a^2 \times a^2 \times b^{2 \times 2} \times b^2$

$= 9 \times a^{2+2} \times b^{4+2}$

$= \boldsymbol{9a^4b^6}$

(6) $2x^3y \times (-3xy^2) \times (-xy^2)^3$

$= 2 \times x^3 \times y \times (-3) \times x \times y^2 \times (-x)^3 \times (y^2)^3$

$= 2 \times (-3) \times x^3 \times x \times (-x^3) \times y \times y^2 \times y^{2 \times 3}$

$= 6 \times x^{3+1+3} \times y^{1+2+6}$

$= \boldsymbol{6x^7y^9}$

④ (1) $2x(3x-1)$

$\quad = 2x \times 3x + 2x \times (-1)$

$\quad = \boldsymbol{6x^2 - 2x}$

(2) $-3x(4x+1)$

$\quad = -3x \times 4x + (-3x) \times 1$

$\quad = \boldsymbol{-12x^2 - 3x}$

(3) $(2x-3) \times 4x^2$

$\quad = 2x \times 4x^2 + (-3) \times 4x^2$

$\quad = \boldsymbol{8x^3 - 12x^2}$

(4) $(x+2) \times (-5x)$

$\quad = x \times (-5x) + 2 \times (-5x)$

$\quad = \boldsymbol{-5x^2 - 10x}$

(5) $3x(x^2+2x-1)$

$\quad = 3x \times x^2 + 3x \times 2x + 3x \times (-1)$

$\quad = \boldsymbol{3x^3 + 6x^2 - 3x}$

(6) $-4x^2(3x^2-2x-1)$

$\quad = -4x^2 \times 3x^2 + (-4x^2) \times (-2x) + (-4x^2) \times (-1)$

$\quad = \boldsymbol{-12x^4 + 8x^3 + 4x^2}$

(7) $(x^2-2x+3) \times 2x^3$

$\quad = x^2 \times 2x^3 + (-2x) \times 2x^3 + 3 \times 2x^3$

$\quad = \boldsymbol{2x^5 - 4x^4 + 6x^3}$

(8) $(3x^2-x+1) \times (-2x)$

$\quad = 3x^2 \times (-2x) + (-x) \times (-2x) + 1 \times (-2x)$

$\quad = \boldsymbol{-6x^3 + 2x^2 - 2x}$

⑦ 整式の乗法(2)　　　p.16

問 15 (1) $(x+3)(3x+4)$

$\qquad = x \times 3x + x \times 4 + 3 \times 3x + 3 \times 4$

$\qquad = 3x^2 + 4x + 9x + 12$

$\qquad = \boldsymbol{3x^2 + 13x + 12}$

(2) $(3x+1)(x-2)$

$\quad = 3x \times x + 3x \times (-2) + 1 \times x + 1 \times (-2)$

$\quad = 3x^2 - 6x + x - 2 = \boldsymbol{3x^2 - 5x - 2}$

(3) $(x-3)(2x+5)$

$\quad = x \times 2x + x \times 5 + (-3) \times 2x + (-3) \times 5$

$\quad = 2x^2 + 5x - 6x - 15 = \boldsymbol{2x^2 - x - 15}$

(4) $(2x-3)(4x-1)$

$\quad = 2x \times 4x + 2x \times (-1)$

$\qquad + (-3) \times 4x + (-3) \times (-1)$

$\quad = 8x^2 - 2x - 12x + 3 = \boldsymbol{8x^2 - 14x + 3}$

問 16 (1) $(x+2)(x^2+3x+3)$

$\qquad = x \times x^2 + x \times 3x + x \times 3$

$\qquad\qquad + 2 \times x^2 + 2 \times 3x + 2 \times 3$

$\qquad = x^3 + 3x^2 + 3x + 2x^2 + 6x + 6$

$\qquad = \boldsymbol{x^3 + 5x^2 + 9x + 6}$

(2) $(x-2)(x^2+x-4)$

$\quad = x \times x^2 + x \times x + x \times (-4)$

$\qquad + (-2) \times x^2 + (-2) \times x + (-2) \times (-4)$

$\quad = x^3 + x^2 - 4x - 2x^2 - 2x + 8$

$\quad = \boldsymbol{x^3 - x^2 - 6x + 8}$

(3) $(2x+5)(x^2-3x-1)$

$\quad = 2x \times x^2 + 2x \times (-3x) + 2x \times (-1)$

$\qquad + 5 \times x^2 + 5 \times (-3x) + 5 \times (-1)$

$\quad = 2x^3 - 6x^2 - 2x + 5x^2 - 15x - 5$

$\quad = \boldsymbol{2x^3 - x^2 - 17x - 5}$

(4) $(2x-1)(4x^2+2x+3)$

$\quad = 2x \times 4x^2 + 2x \times 2x + 2x \times 3$

$\qquad + (-1) \times 4x^2 + (-1) \times 2x + (-1) \times 3$

$\quad = 8x^3 + 4x^2 + 6x - 4x^2 - 2x - 3$

$\quad = \boldsymbol{8x^3 + 4x - 3}$

プラス問題③

(1) $(x^2-xy-y^2) \times (-3xy)$

$\quad = x^2 \times (-3xy) + (-xy) \times (-3xy)$

$\qquad + (-y^2) \times (-3xy)$

$\quad = \boldsymbol{-3x^3y + 3x^2y^2 + 3xy^3}$

(2) $(3x^2-2)(3x^2+2)$

$\quad = 3x^2 \times 3x^2 + 3x^2 \times 2 + (-2) \times 3x^2$

$\qquad + (-2) \times 2$

$\quad = 9x^4 + 6x^2 - 6x^2 - 4$

$\quad = \boldsymbol{9x^4 - 4}$

(3) $(2x-4)(x^2+2x+1)$

$\quad = 2x \times x^2 + 2x \times 2x + 2x \times 1 + (-4) \times x^2$

$\qquad + (-4) \times 2x + (-4) \times 1$

$\quad = 2x^3 + 4x^2 + 2x - 4x^2 - 8x - 4$

$\quad = \boldsymbol{2x^3 - 6x - 4}$

(4) $(x^2 - x - 3)(3x - 2)$

$= x^2 \times 3x + x^2 \times (-2) + (-x) \times 3x$

$\qquad + (-x) \times (-2) + (-3) \times 3x + (-3) \times (-2)$

$= 3x^3 - 2x^2 - 3x^2 + 2x - 9x + 6$

$= \boldsymbol{3x^3 - 5x^2 - 7x + 6}$

練習問題

① (1) $(x + 2)(4x + 1)$

$= x \times 4x + x \times 1 + 2 \times 4x + 2 \times 1$

$= 4x^2 + x + 8x + 2$

$= \boldsymbol{4x^2 + 9x + 2}$

(2) $(3x - 4)(x + 1)$

$= 3x \times x + 3x \times 1 + (-4) \times x + (-4) \times 1$

$= 3x^2 + 3x - 4x - 4$

$= \boldsymbol{3x^2 - x - 4}$

(3) $(x - 4)(3x + 2)$

$= x \times 3x + x \times 2 + (-4) \times 3x + (-4) \times 2$

$= 3x^2 + 2x - 12x - 8$

$= \boldsymbol{3x^2 - 10x - 8}$

(4) $(3x - 2)(4x - 3)$

$= 3x \times 4x + 3x \times (-3) + (-2) \times 4x$

$\qquad + (-2) \times (-3)$

$= 12x^2 - 9x - 8x + 6$

$= \boldsymbol{12x^2 - 17x + 6}$

② (1) $(x + 1)(x^2 - 2x + 4)$

$= x \times x^2 + x \times (-2x) + x \times 4 + 1 \times x^2$

$\qquad + 1 \times (-2x) + 1 \times 4$

$= x^3 - 2x^2 + 4x + x^2 - 2x + 4$

$= \boldsymbol{x^3 - x^2 + 2x + 4}$

(2) $(x - 3)(x^2 + 2x + 1)$

$= x \times x^2 + x \times 2x + x \times 1 + (-3) \times x^2$

$\qquad + (-3) \times 2x + (-3) \times 1$

$= x^3 + 2x^2 + x - 3x^2 - 6x - 3$

$= \boldsymbol{x^3 - x^2 - 5x - 3}$

(3) $(3x + 1)(x^2 + 2x - 5)$

$= 3x \times x^2 + 3x \times 2x + 3x \times (-5) + 1 \times x^2$

$\qquad + 1 \times 2x + 1 \times (-5)$

$= 3x^3 + 6x^2 - 15x + x^2 + 2x - 5$

$= \boldsymbol{3x^3 + 7x^2 - 13x - 5}$

(4) $(6x - 3)(2x^2 + x + 1)$

$= 6x \times 2x^2 + 6x \times x + 6x \times 1 + (-3) \times 2x^2$

$\qquad + (-3) \times x + (-3) \times 1$

$= 12x^3 + 6x^2 + 6x - 6x^2 - 3x - 3$

$= \boldsymbol{12x^3 + 3x - 3}$

③ (1) $(3x^2 + 2xy - y^2) \times (-xy)$

$= 3x^2 \times (-xy) + 2xy \times (-xy) + (-y^2) \times (-xy)$

$= \boldsymbol{-3x^3 y - 2x^2 y^2 + xy^3}$

(2) $(2x^2 - 1)(2x^2 + 1)$

$= 2x^2 \times 2x^2 + 2x^2 \times 1 + (-1) \times 2x^2 + (-1) \times 1$

$= 4x^4 + 2x^2 - 2x^2 - 1$

$= \boldsymbol{4x^4 - 1}$

(3) $(3x - 6)(2x^2 + 4x + 1)$

$= 3x \times 2x^2 + 3x \times 4x + 3x \times 1 + (-6) \times 2x^2$

$\qquad + (-6) \times 4x + (-6) \times 1$

$= 6x^3 + 12x^2 + 3x - 12x^2 - 24x - 6$

$= \boldsymbol{6x^3 - 21x - 6}$

(4) $(x^2 - 2x + 2)(2x - 3)$

$= x^2 \times 2x + x^2 \times (-3) + (-2x) \times 2x$

$\qquad + (-2x) \times (-3) + 2 \times 2x + 2 \times (-3)$

$= 2x^3 - 3x^2 - 4x^2 + 6x + 4x - 6$

$= \boldsymbol{2x^3 - 7x^2 + 10x - 6}$

---

⑧ 乗法公式による展開(1)　　　　**p.18**

問 17 (1) $(x + 2)(x - 2) = x^2 - 2^2$

$\qquad\qquad\qquad = \boldsymbol{x^2 - 4}$

(2) $(3x + 1)(3x - 1) = (3x)^2 - 1^2$

$\qquad\qquad\qquad = \boldsymbol{9x^2 - 1}$

問 18 (1) $(x + 3)^2 = x^2 + 2 \times x \times 3 + 3^2$

$\qquad\qquad\quad = \boldsymbol{x^2 + 6x + 9}$

(2) $(5x + 2)^2 = (5x)^2 + 2 \times 5x \times 2 + 2^2$

$\qquad\qquad\quad = \boldsymbol{25x^2 + 20x + 4}$

(3) $(x - 5)^2 = x^2 - 2 \times x \times 5 + 5^2$

$\qquad\qquad\quad = \boldsymbol{x^2 - 10x + 25}$

(4) $(3x - 4)^2 = (3x)^2 - 2 \times 3x \times 4 + 4^2$

$\qquad\qquad\quad = \boldsymbol{9x^2 - 24x + 16}$

問 19 (1) $(x + 2)(x + 5)$

$\qquad = x^2 + (2 + 5)x + 2 \times 5$

$\qquad = \boldsymbol{x^2 + 7x + 10}$

(2) $(x + 4)(x - 1)$

$= x^2 + \{4 + (-1)\}x + 4 \times (-1)$

$= \boldsymbol{x^2 + 3x - 4}$

(3) $(x - 7)(x + 6)$

$= x^2 + \{(-7) + 6\}x + (-7) \times 6$

$$= x^2 - x - 42$$

(4) $(x-3)(x-5)$
$$= x^2 + \{(-3)+(-5)\}x + (-3) \times (-5)$$
$$= x^2 - 8x + 15$$

問 20 (1) $(2x+1)(3x+5)$
$$= (2 \times 3)x^2 + (2 \times 5 + 1 \times 3)x + 1 \times 5$$
$$= 6x^2 + 13x + 5$$

(2) $(x-2)(2x+1)$
$$= (1 \times 2)x^2 + \{1 \times 1 + (-2) \times 2\}x + (-2) \times 1$$
$$= 2x^2 - 3x - 2$$

(3) $(3x+1)(2x-5)$
$$= (3 \times 2)x^2 + \{3 \times (-5) + 1 \times 2\}x + 1 \times (-5)$$
$$= 6x^2 - 13x - 5$$

(4) $(2x-1)(3x-2)$
$$= (2 \times 3)x^2 + \{2 \times (-2) + (-1) \times 3\}x$$
$$+ (-1) \times (-2)$$
$$= 6x^2 - 7x + 2$$

プラス問題 4

(1) $(4x-5)(4x+5) = (4x)^2 - 5^2$
$$= 16x^2 - 25$$

(2) $(2x+3y)(2x-3y) = (2x)^2 - (3y)^2$
$$= 4x^2 - 9y^2$$

(3) $(x+6)^2 = x^2 + 2 \times x \times 6 + 6^2$
$$= x^2 + 12x + 36$$

(4) $(2x+y)^2 = (2x)^2 + 2 \times 2x \times y + y^2$
$$= 4x^2 + 4xy + y^2$$

(5) $(2x-5)^2 = (2x)^2 - 2 \times 2x \times 5 + 5^2$
$$= 4x^2 - 20x + 25$$

(6) $(3x-2y)^2 = (3x)^2 - 2 \times 3x \times 2y + (2y)^2$
$$= 9x^2 - 12xy + 4y^2$$

(7) $(x-8)(x+7)$
$$= x^2 + \{(-8)+7\}x + (-8) \times 7$$
$$= x^2 - x - 56$$

(8) $(x+y)(x+2y)$
$$= x^2 + (y+2y)x + y \times 2y$$
$$= x^2 + 3xy + 2y^2$$

(9) $(2x+3)(3x-1)$
$$= (2 \times 3)x^2 + \{2 \times (-1) + 3 \times 3\}x$$
$$+ 3 \times (-1)$$
$$= 6x^2 + 7x - 3$$

(10) $(x-3y)(2x+y)$

$$= (1 \times 2)x^2 + \{1 \times 1 + (-3) \times 2\}xy$$
$$+ (-3y) \times y$$
$$= 2x^2 - 5xy - 3y^2$$

練習問題

① (1) $(x+7)(x-7) = x^2 - 7^2$
$$= x^2 - 49$$

(2) $(4x+1)(4x-1) = (4x)^2 - 1^2$
$$= 16x^2 - 1$$

② (1) $(x+7)^2 = x^2 + 2 \times x \times 7 + 7^2$
$$= x^2 + 14x + 49$$

(2) $(3x+5)^2 = (3x)^2 + 2 \times 3x \times 5 + 5^2$
$$= 9x^2 + 30x + 25$$

(3) $(x-3)^2 = x^2 - 2 \times x \times 3 + 3^2$
$$= x^2 - 6x + 9$$

(4) $(5x-2)^2 = (5x)^2 - 2 \times 5x \times 2 + 2^2$
$$= 25x^2 - 20x + 4$$

③ (1) $(x+3)(x+6)$
$$= x^2 + (3+6)x + 3 \times 6$$
$$= x^2 + 9x + 18$$

(2) $(x+5)(x-3)$
$$= x^2 + (5-3)x + 5 \times (-3)$$
$$= x^2 + 2x - 15$$

(3) $(x-3)(x+1)$
$$= x^2 + (-3+1)x + (-3) \times 1$$
$$= x^2 - 2x - 3$$

(4) $(x-2)(x-5)$
$$= x^2 + (-2-5)x + (-2) \times (-5)$$
$$= x^2 - 7x + 10$$

④ (1) $(2x+1)(x+1)$
$$= (2 \times 1)x^2 + (2 \times 1 + 1 \times 1)x + 1 \times 1$$
$$= 2x^2 + 3x + 1$$

(2) $(x-2)(3x+1)$
$$= (1 \times 3)x^2 + \{1 \times 1 + (-2) \times 3\}x + (-2) \times 1$$
$$= 3x^2 - 5x - 2$$

(3) $(4x+3)(2x-3)$
$$= (4 \times 2)x^2 + \{4 \times (-3) + 3 \times 2\}x + 3 \times (-3)$$
$$= 8x^2 - 6x - 9$$

(4) $(3x-2)(4x-3)$
$$= (3 \times 4)x^2 + \{3 \times (-3) + (-2) \times 4\}x$$
$$+ (-2) \times (-3)$$
$$= 12x^2 - 17x + 6$$

⑤ (1) $(3x-7)(3x+7) = (3x)^2 - 7^2$
$= \boldsymbol{9x^2 - 49}$

(2) $(5x+2y)(5x-2y) = (5x)^2 - (2y)^2$
$= \boldsymbol{25x^2 - 4y^2}$

(3) $(x-7)^2 = x^2 - 2 \times x \times 7 + 7^2$
$= \boldsymbol{x^2 - 14x + 49}$

(4) $(3x+y)^2 = (3x)^2 + 2 \times 3x \times y + y^2$
$= \boldsymbol{9x^2 + 6xy + y^2}$

(5) $(4x-3)^2 = (4x)^2 - 2 \times 4x \times 3 + 3^2$
$= \boldsymbol{16x^2 - 24x + 9}$

(6) $(5x-2y)^2 = (5x)^2 - 2 \times 5x \times 2y + (2y)^2$
$= \boldsymbol{25x^2 - 20xy + 4y^2}$

(7) $(x-9)(x+8) = x^2 + (-9+8)x + (-9) \times 8$
$= \boldsymbol{x^2 - x - 72}$

(8) $(x-3y)(x-2y)$
$= x^2 + (-3y-2y)x + (-3y) \times (-2y)$
$= \boldsymbol{x^2 - 5xy + 6y^2}$

(9) $(3x+2)(4x-1)$
$= (3 \times 4)x^2 + \{3 \times (-1) + 2 \times 4\}x + 2 \times (-1)$
$= \boldsymbol{12x^2 + 5x - 2}$

(10) $(2x-y)(x-2y)$
$= (2 \times 1)x^2 + \{2 \times (-2) + (-1) \times 1\}xy$
$\qquad + (-y) \times (-2y)$
$= \boldsymbol{2x^2 - 5xy + 2y^2}$

⑨ 乗法公式による展開(2)　　p.20

問 21 (1) $x+2y = A$ とおくと
$(x+2y+4)(x+2y-4)$
$= (A+4)(A-4)$
$= A^2 - 4^2$
$= (x+2y)^2 - 16$
$= \boldsymbol{x^2 + 4xy + 4y^2 - 16}$

(2) $x+y = A$ とおくと
$(x+y+2)^2$
$= (A+2)^2$
$= A^2 + 4A + 4$
$= (x+y)^2 + 4(x+y) + 4$
$= \boldsymbol{x^2 + 2xy + y^2 + 4x + 4y + 4}$

(3) $x+y = A$ とおくと
$(x+y-2)(x+y+3)$
$= (A-2)(A+3)$

$= A^2 + A - 6$
$= (x+y)^2 + (x+y) - 6$
$= \boldsymbol{x^2 + 2xy + y^2 + x + y - 6}$

(4) $x-2y = A$ とおくと
$(x-2y+1)(x-2y-2)$
$= (A+1)(A-2)$
$= A^2 - A - 2$
$= (x-2y)^2 - (x-2y) - 2$
$= \boldsymbol{x^2 - 4xy + 4y^2 - x + 2y - 2}$

練習問題

① (1) $x+3y = A$ とおくと
$(x+3y+2)(x+3y-2)$
$= (A+2)(A-2) = A^2 - 2^2$
$= (x+3y)^2 - 4$
$= \boldsymbol{x^2 + 6xy + 9y^2 - 4}$

(2) $x+y = A$ とおくと
$(x+y-3)^2$
$= (A-3)^2 = A^2 - 6A + 9$
$= (x+y)^2 - 6(x+y) + 9$
$= \boldsymbol{x^2 + 2xy + y^2 - 6x - 6y + 9}$

(3) $x+y = A$ とおくと
$(x+y+4)(x+y-2)$
$= (A+4)(A-2)$
$= A^2 + 2A - 8$
$= (x+y)^2 + 2(x+y) - 8$
$= \boldsymbol{x^2 + 2xy + y^2 + 2x + 2y - 8}$

(4) $x-3y = A$ とおくと
$(x-3y+2)(x-3y-4)$
$= (A+2)(A-4)$
$= A^2 - 2A - 8$
$= (x-3y)^2 - 2(x-3y) - 8$
$= \boldsymbol{x^2 - 6xy + 9y^2 - 2x + 6y - 8}$

⑩ 因数分解(1)　　p.22

問 22 (1) $x^2 + 5x = x \times x + 5 \times x$
$= \boldsymbol{x(x+5)}$

(2) $x^2 - x = x \times x - x \times 1$
$= \boldsymbol{x(x-1)}$

(3) $2ab - 2ac = 2a \times b - 2a \times c$
$= \boldsymbol{2a(b-c)}$

(4) $2a^2 + 4a = 2a \times a + 2a \times 2$

$$= 2a(a+2)$$

(5) $2ab^2 - ab = ab \times 2b - ab \times 1$
$$= ab(2b-1)$$

(6) $8x^2y - 6xy = 2xy \times 4x - 2xy \times 3$
$$= 2xy(4x-3)$$

問 23 (1) $x^2 - 4 = x^2 - 2^2 = (x+2)(x-2)$

(2) $16x^2 - 1 = (4x)^2 - 1^2 = (4x+1)(4x-1)$

(3) $9x^2 - 25 = (3x)^2 - 5^2 = (3x+5)(3x-5)$

問 24 (1) $x^2 + 10x + 25 = x^2 + 2 \times x \times 5 + 5^2$
$$= (x+5)^2$$

(2) $x^2 + 14x + 49 = x^2 + 2 \times x \times 7 + 7^2$
$$= (x+7)^2$$

(3) $x^2 - 12x + 36 = x^2 - 2 \times x \times 6 + 6^2$
$$= (x-6)^2$$

(4) $x^2 - 16x + 64 = x^2 - 2 \times x \times 8 + 8^2$
$$= (x-8)^2$$

プラス問題 5

(1) $x^2 - 9 = x^2 - 3^2 = (x+3)(x-3)$

(2) $x^2 - 4y^2 = x^2 - (2y)^2 = (x+2y)(x-2y)$

(3) $x^2 + 6x + 9 = x^2 + 2 \times x \times 3 + 3^2 = (x+3)^2$

(4) $x^2 - 4xy + 4y^2 = x^2 - 2 \times x \times 2y + (2y)^2$
$$= (x-2y)^2$$

練習問題

① (1) $x^2 + 2x = x \times x + 2 \times x = x(x+2)$

(2) $x^2 - 3x = x \times x - x \times 3 = x(x-3)$

(3) $3ab - 3bc = 3b \times a - 3b \times c = 3b(a-c)$

(4) $3a^2 - 6a = 3a \times a - 3a \times 2 = 3a(a-2)$

(5) $5a^2b + ab^2 = ab \times 5a + ab \times b = ab(5a+b)$

(6) $4xy^2 - 6xy = 2xy \times 2y - 2xy \times 3 = 2xy(2y-3)$

② (1) $x^2 - 16 = x^2 - 4^2 = (x+4)(x-4)$

(2) $4x^2 - 1 = (2x)^2 - 1^2 = (2x+1)(2x-1)$

(3) $25x^2 - 4 = (5x)^2 - 2^2 = (5x+2)(5x-2)$

③ (1) $x^2 + 2x + 1 = x^2 + 2 \times x \times 1 + 1^2 = (x+1)^2$

(2) $x^2 + 8x + 16 = x^2 + 2 \times x \times 4 + 4^2 = (x+4)^2$

(3) $x^2 - 10x + 25 = x^2 - 2 \times x \times 5 + 5^2 = (x-5)^2$

(4) $x^2 - 14x + 49 = x^2 - 2 \times x \times 7 + 7^2 = (x-7)^2$

④ (1) $x^2 - 49 = x^2 - 7^2 = (x+7)(x-7)$

(2) $x^2 - 9y^2 = x^2 - (3y)^2 = (x+3y)(x-3y)$

(3) $x^2 + 4x + 4 = x^2 + 2 \times x \times 2 + 2^2 = (x+2)^2$

(4) $x^2 - 8xy + 16y^2 = x^2 - 2 \times x \times 4y + (4y)^2$
$$= (x-4y)^2$$

問 25 (1) $x^2 + 3x + 2 = x^2 + (1+2)x + 1 \times 2$
$$= (x+1)(x+2)$$

(2) $x^2 - 4x + 3 = x^2 + (-1-3)x + (-1) \times (-3)$
$$= (x-1)(x-3)$$

(3) $x^2 + 6x - 7 = x^2 + (-1+7)x + (-1) \times 7$
$$= (x-1)(x+7)$$

(4) $x^2 - 4x - 5 = x^2 + (1-5)x + 1 \times (-5)$
$$= (x+1)(x-5)$$

問 26 (1) $x^2 + 5x + 4 = x^2 + (1+4)x + 1 \times 4$
$$= (x+1)(x+4)$$

(2) $x^2 - x - 6 = x^2 + (2-3)x + 2 \times (-3)$
$$= (x+2)(x-3)$$

(3) $x^2 + 3x - 10 = x^2 + (-2+5)x + (-2) \times 5$
$$= (x-2)(x+5)$$

(4) $x^2 - 6x + 8 = x^2 + (-2+4)x + (-2) \times (-4)$
$$= (x-2)(x-4)$$

プラス問題 6

(1) $x^2 + 4x - 12 = x^2 + (-2+6)x + (-2) \times 6$
$$= (x-2)(x+6)$$

(2) $x^2 + 5xy + 4y^2 = x^2 + (y+4y)x + y \times 4y$
$$= (x+y)(x+4y)$$

(3) $x^2 - xy - 12y^2 = x^2 + (3y-4y)x + 3y \times (-4y)$
$$= (x+3y)(x-4y)$$

問 27 (1) $3x^2 - 4x - 7$

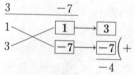

よって $3x^2 - 4x - 7 = (\boxed{x+1})(\boxed{3x-7})$

(2) $5x^2 + x - 6$

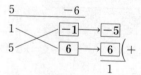

よって $5x^2 + x - 6 = (\boxed{x-1})(\boxed{5x+6})$

練習問題

① (1) $x^2 + 4x + 3 = x^2 + (1+3)x + 1 \times 3$
$$= (x+1)(x+3)$$

11

(2) $x^2-6x+5 = x^2+(-1-5)x+(-1)\times(-5)$
$\qquad\qquad = (x-1)(x-5)$

(3) $x^2+2x-3 = x^2+(-1+3)x+(-1)\times 3$
$\qquad\qquad = (x-1)(x+3)$

(4) $x^2-2x-3 = x^2+(1-3)x+1\times(-3)$
$\qquad\qquad = (x+1)(x-3)$

② (1) $x^2+7x+10 = x^2+(2+5)x+2\times 5$
$\qquad\qquad = (x+2)(x+5)$

(2) $x^2-11x+10 = x^2+(-1-10)x+(-1)\times(-10)$
$\qquad\qquad = (x-1)(x-10)$

(3) $x^2-5x-14 = x^2+(2-7)x+2\times(-7)$
$\qquad\qquad = (x+2)(x-7)$

(4) $x^2+3x-18 = x^2+(-3+6)x+(-3)\times 6$
$\qquad\qquad = (x-3)(x+6)$

③ (1) $x^2+x-12 = x^2+(-3+4)x+(-3)\times 4$
$\qquad\qquad = (x-3)(x+4)$

(2) $x^2+7xy+6y^2 = x^2+(y+6y)x+y\times(6y)$
$\qquad\qquad = (x+y)(x+6y)$

(3) $x^2-3xy-10y^2 = x^2+(2y-5y)x+(2y)\times(-5y)$
$\qquad\qquad = (x+2y)(x-5y)$

④ (1) $3x^2-2x-5$

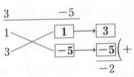

よって $3x^2-2x-5 = \boxed{x+1}\,\boxed{3x-5}$

(2) $5x^2+7x-6$

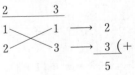

よって $5x^2+7x-6 = \boxed{x+2}\,\boxed{5x-3}$

⑫因数分解(3) p.26

問28 (1) $2x^2+5x+3 = (x+1)(2x+3)$

$$\begin{array}{ccc} 2 & & 3 \\ 1 & & 1 \longrightarrow \quad 2 \\ 2 & \times & 3 \longrightarrow \quad 3\ (+ \\ & & 5 \end{array}$$

(2) $3x^2+x-2 = (x+1)(3x-2)$

$$\begin{array}{ccc} 3 & & -2 \\ 1 & & 1 \longrightarrow \quad 3 \\ 3 & \times & -2 \longrightarrow \quad -2\ (+ \\ & & 1 \end{array}$$

(3) $5x^2-7x+2 = (x-1)(5x-2)$

$$\begin{array}{ccc} 5 & & 2 \\ 1 & & -1 \longrightarrow \quad -5 \\ 5 & \times & -2 \longrightarrow \quad -2\ (+ \\ & & -7 \end{array}$$

(4) $5x^2-9x-2 = (x-2)(5x+1)$

$$\begin{array}{ccc} 5 & & -2 \\ 1 & & -2 \longrightarrow \quad -10 \\ 5 & \times & 1 \longrightarrow \quad 1\ (+ \\ & & -9 \end{array}$$

(5) $2x^2+9x-5 = (x+5)(2x-1)$

$$\begin{array}{ccc} 2 & & -5 \\ 1 & & 5 \longrightarrow \quad 10 \\ 2 & \times & -1 \longrightarrow \quad -1\ (+ \\ & & 9 \end{array}$$

(6) $2x^2-3x-5 = (x+1)(2x-5)$

$$\begin{array}{ccc} 2 & & -5 \\ 1 & & 1 \longrightarrow \quad 2 \\ 2 & \times & -5 \longrightarrow \quad -5\ (+ \\ & & -3 \end{array}$$

(7) $3x^2+8x+4 = (x+2)(3x+2)$

$$\begin{array}{ccc} 3 & & 4 \\ 1 & & 2 \longrightarrow \quad 6 \\ 3 & \times & 2 \longrightarrow \quad 2\ (+ \\ & & 8 \end{array}$$

(8) $2x^2-13x+6 = (x-6)(2x-1)$

$$\begin{array}{ccc} 2 & & 6 \\ 1 & & -6 \longrightarrow \quad -12 \\ 2 & \times & -1 \longrightarrow \quad -1\ (+ \\ & & -13 \end{array}$$

練習問題

① (1) $3x^2+5x+2 = (x+1)(3x+2)$

$$\begin{array}{ccc} 3 & & 2 \\ 1 & & 1 \longrightarrow \quad 3 \\ 3 & \times & 2 \longrightarrow \quad 2\ (+ \\ & & 5 \end{array}$$

(2) $2x^2 + x - 3 = (x-1)(2x+3)$

$$
\begin{array}{ccl}
2 & & -3 \\
1 \diagdown & -1 & \longrightarrow -2 \\
2 \diagup & 3 & \longrightarrow \underline{3} \ (+ \\
& & 1
\end{array}
$$

(3) $3x^2 - 10x + 3 = (x-3)(3x-1)$

$$
\begin{array}{ccl}
3 & & 3 \\
1 \diagdown & -3 & \longrightarrow -9 \\
3 \diagup & -1 & \longrightarrow \underline{-1} \ (+ \\
& & -10
\end{array}
$$

(4) $2x^2 - 3x - 2 = (x-2)(2x+1)$

$$
\begin{array}{ccl}
2 & & -2 \\
1 \diagdown & -2 & \longrightarrow -4 \\
2 \diagup & 1 & \longrightarrow \underline{1} \ (+ \\
& & -3
\end{array}
$$

(5) $5x^2 + 14x - 3 = (x+3)(5x-1)$

$$
\begin{array}{ccl}
5 & & -3 \\
1 \diagdown & 3 & \longrightarrow 15 \\
5 \diagup & -1 & \longrightarrow \underline{-1} \ (+ \\
& & 14
\end{array}
$$

(6) $3x^2 - 5x - 2 = (x-2)(3x+1)$

$$
\begin{array}{ccl}
3 & & -2 \\
1 \diagdown & -2 & \longrightarrow -6 \\
3 \diagup & 1 & \longrightarrow \underline{1} \ (+ \\
& & -5
\end{array}
$$

(7) $5x^2 - 12x + 4 = (x-2)(5x-2)$

$$
\begin{array}{ccl}
5 & & 4 \\
1 \diagdown & -2 & \longrightarrow -10 \\
5 \diagup & -2 & \longrightarrow \underline{-2} \ (+ \\
& & -12
\end{array}
$$

(8) $3x^2 - 11x + 6 = (x-3)(3x-2)$

$$
\begin{array}{ccl}
3 & & 6 \\
1 \diagdown & -3 & \longrightarrow -9 \\
3 \diagup & -2 & \longrightarrow \underline{-2} \ (+ \\
& & -11
\end{array}
$$

⑬ 因数分解(4) p.28

プラス問題7

(1) $7x^2 - 15x + 2 = (x-2)(7x-1)$

$$
\begin{array}{ccl}
7 & & 2 \\
1 \diagdown & -2 & \longrightarrow -14 \\
7 \diagup & -1 & \longrightarrow \underline{-1} \ (+ \\
& & -15
\end{array}
$$

(2) $5x^2 - x - 4 = (5x+4)(x-1)$

$$
\begin{array}{ccl}
5 & & -4 \\
5 \diagdown & 4 & \longrightarrow 4 \\
1 \diagup & -1 & \longrightarrow \underline{-5} \ (+ \\
& & -1
\end{array}
$$

(3) $2x^2 + x - 15 = (x+3)(2x-5)$

$$
\begin{array}{ccl}
2 & & -15 \\
1 \diagdown & 3 & \longrightarrow 6 \\
2 \diagup & -5 & \longrightarrow \underline{-5} \ (+ \\
& & 1
\end{array}
$$

(4) $6x^2 + 17x + 5 = (2x+5)(3x+1)$

$$
\begin{array}{ccl}
6 & & 5 \\
2 \diagdown & 5 & \longrightarrow 15 \\
3 \diagup & 1 & \longrightarrow \underline{2} \ (+ \\
& & 17
\end{array}
$$

(5) $4x^2 - 16x + 15 = (2x-3)(2x-5)$

$$
\begin{array}{ccl}
4 & & 15 \\
2 \diagdown & -3 & \longrightarrow -6 \\
2 \diagup & -5 & \longrightarrow \underline{-10} \ (+ \\
& & -16
\end{array}
$$

(6) $6x^2 - 11xy - 2y^2 = (x-2y)(6x+y)$

$$
\begin{array}{ccl}
6 & & -2 \\
1 \diagdown & -2 & \longrightarrow -12 \\
6 \diagup & 1 & \longrightarrow \underline{1} \ (+ \\
& & -11
\end{array}
$$

問29 (1) $x+y=A$ とおくと

$$
\begin{aligned}
(x+y)^2 - 4 &= A^2 - 4 \\
&= (A+2)(A-2) \\
&= (x+y+2)(x+y-2)
\end{aligned}
$$

(2) $2x-y=A$ とおくと

$$
\begin{aligned}
(2x-y)^2 + 3(2x-y) + 2 \\
= A^2 + 3A + 2 \\
= (A+1)(A+2) &= (2x-y+1)(2x-y+2)
\end{aligned}
$$

問30 (1) $xy+2x+y+2 = (xy+2x)+(y+2)$
$= (y+2)x+(y+2)$

$y+2=A$ とおくと

$Ax+A = (x+1)A = (x+1)(y+2)$

(2) $\quad xy - 3x - 2y + 6 = (xy - 3x) + (-2y + 6)$

$\qquad\qquad\qquad\quad = (y-3)x - 2(y-3)$

$\quad y - 3 = A$ とおくと

$\qquad Ax - 2A = (x-2)A$

$\qquad\qquad\qquad = \boldsymbol{(x-2)(y-3)}$

練習問題

① (1) $\quad 5x^2 - 12x + 7 = \boldsymbol{(x-1)(5x-7)}$

(2) $\quad 7x^2 - 12x - 4 = \boldsymbol{(7x+2)(x-2)}$

(3) $\quad 7x^2 + 11x - 6 = \boldsymbol{(x+2)(7x-3)}$

(4) $\quad 6x^2 + 17x + 7 = \boldsymbol{(2x+1)(3x+7)}$

(5) $\quad 6x^2 + x - 15 = \boldsymbol{(2x-3)(3x+5)}$

(6) $\quad 8x^2 - 5xy - 3y^2 = \boldsymbol{(x-y)(8x+3y)}$

② (1) $\quad x - y = A$ とおくと

$\quad (x-y)^2 - 9 = A^2 - 9 = (A+3)(A-3)$

$\qquad\qquad\qquad\qquad\quad = \boldsymbol{(x-y+3)(x-y-3)}$

(2) $\quad x - 2y = A$ とおくと

$\quad (x-2y)^2 + 4(x-2y) + 3$

$\qquad\qquad = A^2 + 4A + 3$

$\qquad\qquad = (A+1)(A+3) = \boldsymbol{(x-2y+1)(x-2y+3)}$

③ (1) $\quad xy + x + y + 1 = (xy + x) + (y+1)$

$\qquad\qquad\qquad\qquad\quad = (y+1)x + (y+1)$

$\quad y + 1 = A$ とおくと

$\qquad Ax + A = (x+1)A = \boldsymbol{(x+1)(y+1)}$

(2) $\quad xy + 2x - 4y - 8 = (xy + 2x) + (-4y - 8)$

$\qquad\qquad\qquad\qquad\quad = (y+2)x - 4(y+2)$

$\quad y + 2 = A$ とおくと

$\qquad Ax - 4A = (x-4)A = \boldsymbol{(x-4)(y+2)}$

Exercise p.30

1 (1) $\quad A + B$

$\qquad = (3x^2 - x + 2) + (-2x^2 + 5x - 4)$

$\qquad = (3-2)x^2 + (-1+5)x + (2-4)$

$\qquad = \boldsymbol{x^2 + 4x - 2}$

(2) $\quad A - C = (3x^2 - x + 2) - (x^2 - 3x + 1)$

$\qquad\qquad\quad = (3-1)x^2 + (-1+3)x + (2-1)$

$\qquad\qquad\quad = \boldsymbol{2x^2 + 2x + 1}$

(3) $\quad 2A + 3B$

$\qquad = 2(3x^2 - x + 2) + 3(-2x^2 + 5x - 4)$

$\qquad = 6x^2 - 2x + 4 - 6x^2 + 15x - 12$

$\qquad = (6-6)x^2 + (-2+15)x + (4-12)$

$\qquad = \boldsymbol{13x - 8}$

(4) $\quad (A - B) + (C - A) = C - B$

$\qquad = (x^2 - 3x + 1) - (-2x^2 + 5x - 4)$

$\qquad = (1+2)x^2 + (-3-5)x + (1+4)$

$\qquad = \boldsymbol{3x^2 - 8x + 5}$

2 問題の意味から

$\qquad (3x^2 - 6x - 4) + A = -5x^2 + x - 3$

よって

$\qquad A = (-5x^2 + x - 3) - (3x^2 - 6x - 4)$

$\qquad\quad = \boldsymbol{-8x^2 + 7x + 1}$

3 (1) $\quad a^6 \times a^5 = a^{6+5} = \boldsymbol{a^{11}}$

(2) $\quad a^2 b \times ab^4 = a^{2+1}b^{1+4} = \boldsymbol{a^3 b^5}$

(3) $\quad 3x^2 \times 4x^5 = 3 \times 4 \times x^{2+5} = \boldsymbol{12x^7}$

(4) $\quad 2x^2 y \times (-3xy^3) = 2 \times (-3) \times x^{2+1} y^{1+3}$

$\qquad\qquad\qquad\qquad\qquad\quad = \boldsymbol{-6x^3 y^4}$

(5) $\quad 2x \times (-3x)^2 = 2x \times (-3)^2 x^2 = 2 \times 9 \times x^{1+2}$

$\qquad\qquad\qquad\qquad = \boldsymbol{18x^3}$

(6) $\quad (-3a^3 b^2)^3 = (-3)^3 a^{3\times 3} b^{2\times 3} = \boldsymbol{-27a^9 b^6}$

4 (1) $(x+9)(x-9) = x^2 - 9^2 = x^2 - 81$

(2) $(7x-2y)(7x+2y) = (7x)^2 - (2y)^2$
$$= 49x^2 - 4y^2$$

(3) $(5x-3)^2 = (5x)^2 - 2 \times 5x \times 3 + 3^2$
$$= 25x^2 - 30x + 9$$

(4) $(x-2)(x+6) = x^2 + (-2+6)x + (-2) \times 6$
$$= x^2 + 4x - 12$$

(5) $(3x-2)(x+1)$
$$= (3 \times 1)x^2 + \{3 \times 1 + (-2) \times 1\}x + (-2) \times 1$$
$$= 3x^2 + x - 2$$

(6) $(4x-3)(5x-1)$
$$= (4 \times 5)x^2 + \{4 \times (-1) + (-3) \times 5\}x$$
$$+ (-3) \times (-1)$$
$$= 20x^2 - 19x + 3$$

(7) $a - b = A$ とおくと
$$(a-b+4)^2 = (A+4)^2$$
$$= A^2 + 8A + 16$$
$$= (a-b)^2 + 8(a-b) + 16$$
$$= a^2 - 2ab + b^2 + 8a - 8b + 16$$

(8) $x - y = A$ とおくと
$$(x-y-3)(x-y+1) = (A-3)(A+1)$$
$$= A^2 - 2A - 3$$
$$= (x-y)^2 - 2(x-y) - 3$$
$$= x^2 - 2xy + y^2 - 2x + 2y - 3$$

5 (1) $a^2 + 7a = a(a+7)$

(2) $x^2 - 36 = x^2 - 6^2 = (x+6)(x-6)$

(3) $4x^2 + 12x + 9 = (2x+3)^2$

(4) $a^2 + 7a - 18 = (a+9)(a-2)$

(5) $4x^2 - 5x + 1 = (4x-1)(x-1)$

(6) $3a^2 - 17a + 10 = (3a-2)(a-5)$

(7) $6x^2 + x - 2 = (3x+2)(2x-1)$

(8) $5a^2 - 6a - 8 = (a-2)(5a+4)$

(9) $x + 1 = A$ とおくと
$$4x^2 - (x-1)^2 = (2x)^2 - A^2$$
$$= (2x+A)(2x-A)$$
$$= \{2x+(x+1)\}\{2x-(x+1)\}$$
$$= (3x+1)(x-1)$$

(10) $ab - 3b - a + 3 = (ab-3b) - (a-3)$
$$= (a-3)b - (a-3)$$
$a - 3 = A$ とおくと
$$Ab - A = A(b-1) = (a-3)(b-1)$$

考 (1) $A^2B + AB^2$
$$= AB(A+B)$$
$$= (x^2-y^2) \times 2x = 2x^3 - 2xy^2$$

(2) $A^2 + B^2$
$$= (A+B)^2 - 2AB$$
$$= (2x)^2 - 2(x^2-y^2) = 2x^2 + 2y^2$$

⑭ 平方根とその計算(1) p.34

問 1 (1) 5 (2) -4

(3) $\sqrt{3}, -\sqrt{3}$ (4) $2, -2$

問 2 (1) $(\sqrt{5})^2 = 5$ (2) $\sqrt{3^2} = 3$

(3) $\sqrt{3} \times \sqrt{7} = \sqrt{21}$ (4) $\dfrac{\sqrt{10}}{\sqrt{5}} = \sqrt{\dfrac{10}{5}} = \sqrt{2}$

問 3 (1) $\sqrt{28} = \sqrt{2^2 \times 7} = \sqrt{2^2} \times \sqrt{7} = 2\sqrt{7}$

(2) $\sqrt{32} = \sqrt{4^2 \times 2} = \sqrt{4^2} \times \sqrt{2} = 4\sqrt{2}$

(3) $\sqrt{45} = \sqrt{3^2 \times 5} = \sqrt{3^2} \times \sqrt{5} = 3\sqrt{5}$

問 4 (1) $5\sqrt{2} - 3\sqrt{2} = (5-3)\sqrt{2} = 2\sqrt{2}$

(2) $2\sqrt{3} + \sqrt{5} + \sqrt{3} - 2\sqrt{5}$
$$= (2+1)\sqrt{3} + (1-2)\sqrt{5} = 3\sqrt{3} - \sqrt{5}$$

(3) $\sqrt{12} - \sqrt{48} + \sqrt{27} = 2\sqrt{3} - 4\sqrt{3} + 3\sqrt{3}$
$$= (2-4+3)\sqrt{3} = \sqrt{3}$$

(4) $\sqrt{20} - \sqrt{18} + \sqrt{5} - \sqrt{8}$
$$= 2\sqrt{5} - 3\sqrt{2} + \sqrt{5} - 2\sqrt{2}$$
$$= (2+1)\sqrt{5} + (-3-2)\sqrt{2} = 3\sqrt{5} - 5\sqrt{2}$$

練習問題

① (1) 6 (2) -7

(3) $\sqrt{7}, -\sqrt{7}$ (4) $5, -5$

② (1) $(\sqrt{3})^2 = 3$

(2) $\sqrt{5^2} = 5$

(3) $\sqrt{2} \times \sqrt{7} = \sqrt{14}$

(4) $\dfrac{\sqrt{15}}{\sqrt{3}} = \sqrt{\dfrac{15}{3}} = \sqrt{5}$

③ (1) $\sqrt{12} = \sqrt{2^2 \times 3} = \sqrt{2^2} \times \sqrt{3} = 2\sqrt{3}$

(2) $\sqrt{27} = \sqrt{3^2 \times 3} = \sqrt{3^2} \times \sqrt{3} = 3\sqrt{3}$

(3) $\sqrt{80} = \sqrt{4^2 \times 5} = \sqrt{4^2} \times \sqrt{5} = 4\sqrt{5}$

④ (1) $4\sqrt{3} + 7\sqrt{3} = (4+7)\sqrt{3} = 11\sqrt{3}$

(2) $3\sqrt{2} - \sqrt{7} + 2\sqrt{2} + 4\sqrt{7}$
$$= (3+2)\sqrt{2} + (-1+4)\sqrt{7}$$
$$= 5\sqrt{2} + 3\sqrt{7}$$

(3) $\sqrt{50} - \sqrt{18} + \sqrt{8}$
$$= 5\sqrt{2} - 3\sqrt{2} + 2\sqrt{2}$$
$$= (5-3+2)\sqrt{2} = 4\sqrt{2}$$

(4) $\sqrt{32} - \sqrt{48} - \sqrt{18} + \sqrt{75}$
$= 4\sqrt{2} - 4\sqrt{3} - 3\sqrt{2} + 5\sqrt{3}$
$= (4-3)\sqrt{2} + (-4+5)\sqrt{3} = \boldsymbol{\sqrt{2} + \sqrt{3}}$

⑮平方根とその計算(2)   p.36

問 5 (1) $\sqrt{3}(\sqrt{5} - 2\sqrt{3})$
$= \sqrt{3} \times \sqrt{5} - \sqrt{3} \times 2\sqrt{3}$
$= \boldsymbol{\sqrt{15} - 6}$

(2) $(3\sqrt{5} + 2)(\sqrt{5} - 2)$
$= 3\sqrt{5} \times \sqrt{5} - 3\sqrt{5} \times 2 + 2 \times \sqrt{5} - 2 \times 2$
$= 15 - 6\sqrt{5} + 2\sqrt{5} - 4$
$= \boldsymbol{11 - 4\sqrt{5}}$

(3) $(\sqrt{3} + 2)(\sqrt{3} - 2)$
$= (\sqrt{3})^2 - 2^2 = 3 - 4 = \boldsymbol{-1}$

(4) $(2\sqrt{3} + \sqrt{7})(2\sqrt{3} - \sqrt{7})$
$= (2\sqrt{3})^2 - (\sqrt{7})^2 = 2^2 \times (\sqrt{3})^2 - 7$
$= 12 - 7 = \boldsymbol{5}$

(5) $(\sqrt{5} - 1)^2 = (\sqrt{5})^2 - 2 \times \sqrt{5} \times 1 + 1^2$
$= 5 - 2\sqrt{5} + 1 = \boldsymbol{6 - 2\sqrt{5}}$

(6) $(\sqrt{3} + \sqrt{2})^2$
$= (\sqrt{3})^2 + 2 \times \sqrt{3} \times \sqrt{2} + (\sqrt{2})^2$
$= 3 + 2\sqrt{6} + 2 = \boldsymbol{5 + 2\sqrt{6}}$

問 6 (1) $\dfrac{1}{\sqrt{3}} = \dfrac{1 \times \sqrt{3}}{\sqrt{3} \times \sqrt{3}} = \boldsymbol{\dfrac{\sqrt{3}}{3}}$

(2) $\dfrac{10}{\sqrt{5}} = \dfrac{10 \times \sqrt{5}}{\sqrt{5} \times \sqrt{5}} = \dfrac{10\sqrt{5}}{5} = \boldsymbol{2\sqrt{5}}$

(3) $\dfrac{2}{3\sqrt{2}} = \dfrac{2 \times \sqrt{2}}{3\sqrt{2} \times \sqrt{2}} = \dfrac{2\sqrt{2}}{3 \times 2} = \boldsymbol{\dfrac{\sqrt{2}}{3}}$

(4) $\dfrac{4\sqrt{5}}{7\sqrt{2}} = \dfrac{4\sqrt{5} \times \sqrt{2}}{7\sqrt{2} \times \sqrt{2}} = \dfrac{4\sqrt{10}}{7 \times 2} = \boldsymbol{\dfrac{2\sqrt{10}}{7}}$

問 7 (1) $\dfrac{1}{\sqrt{3} + 1} = \dfrac{1 \times (\sqrt{3} - 1)}{(\sqrt{3} + 1)(\sqrt{3} - 1)}$
$= \dfrac{\sqrt{3} - 1}{(\sqrt{3})^2 - 1^2}$
$= \dfrac{\sqrt{3} - 1}{3 - 1}$
$= \boldsymbol{\dfrac{\sqrt{3} - 1}{2}}$

(2) $\dfrac{1}{\sqrt{5} - \sqrt{2}} = \dfrac{1 \times (\sqrt{5} + \sqrt{2})}{(\sqrt{5} - \sqrt{2})(\sqrt{5} + \sqrt{2})}$
$= \dfrac{\sqrt{5} + \sqrt{2}}{(\sqrt{5})^2 - (\sqrt{2})^2}$
$= \dfrac{\sqrt{5} + \sqrt{2}}{5 - 2} = \boldsymbol{\dfrac{\sqrt{5} + \sqrt{2}}{3}}$

(3) $\dfrac{1}{2 - \sqrt{3}} = \dfrac{1 \times (2 + \sqrt{3})}{(2 - \sqrt{3})(2 + \sqrt{3})}$
$= \dfrac{2 + \sqrt{3}}{2^2 - (\sqrt{3})^2}$
$= \dfrac{2 + \sqrt{3}}{4 - 3} = \boldsymbol{2 + \sqrt{3}}$

(4) $\dfrac{6}{\sqrt{6} - 2} = \dfrac{6 \times (\sqrt{6} + 2)}{(\sqrt{6} - 2)(\sqrt{6} + 2)}$
$= \dfrac{6(\sqrt{6} + 2)}{(\sqrt{6})^2 - 2^2}$
$= \dfrac{6(\sqrt{6} + 2)}{6 - 4}$
$= \dfrac{6(\sqrt{6} + 2)}{2}$
$= 3(\sqrt{6} + 2) = \boldsymbol{3\sqrt{6} + 6}$

(5) $\dfrac{2}{\sqrt{7} + \sqrt{3}} = \dfrac{2 \times (\sqrt{7} - \sqrt{3})}{(\sqrt{7} + \sqrt{3})(\sqrt{7} - \sqrt{3})}$
$= \dfrac{2(\sqrt{7} - \sqrt{3})}{(\sqrt{7})^2 - (\sqrt{3})^2}$
$= \dfrac{2(\sqrt{7} - \sqrt{3})}{7 - 3}$
$= \dfrac{2(\sqrt{7} - \sqrt{3})}{4}$
$= \boldsymbol{\dfrac{\sqrt{7} - \sqrt{3}}{2}}$

(6) $\dfrac{7}{\sqrt{10} - \sqrt{3}} = \dfrac{7 \times (\sqrt{10} + \sqrt{3})}{(\sqrt{10} - \sqrt{3})(\sqrt{10} + \sqrt{3})}$
$= \dfrac{7(\sqrt{10} + \sqrt{3})}{(\sqrt{10})^2 - (\sqrt{3})^2}$
$= \dfrac{7(\sqrt{10} + \sqrt{3})}{10 - 3}$
$= \dfrac{7(\sqrt{10} + \sqrt{3})}{7} = \boldsymbol{\sqrt{10} + \sqrt{3}}$

練習問題

① (1) $\sqrt{3}(\sqrt{2} + 2\sqrt{3}) = \sqrt{3} \times \sqrt{2} + \sqrt{3} \times 2\sqrt{3}$
$= \boldsymbol{\sqrt{6} + 6}$

(2) $(\sqrt{6} + 3)(2\sqrt{6} - 3) = \sqrt{6} \times 2\sqrt{6} - \sqrt{6} \times 3 + 3 \times 2\sqrt{6} - 3 \times 3$
$= 12 - 3\sqrt{6} + 6\sqrt{6} - 9$
$= \boldsymbol{3 + 3\sqrt{6}}$

(3) $(\sqrt{10} + 3)(\sqrt{10} - 3) = (\sqrt{10})^2 - 3^2$
$= 10 - 9 = \boldsymbol{1}$

(4) $(2\sqrt{5} + \sqrt{6})(2\sqrt{5} - \sqrt{6}) = (2\sqrt{5})^2 - (\sqrt{6})^2$
$= 20 - 6 = \boldsymbol{14}$

(5) $(\sqrt{7} - 2)^2 = (\sqrt{7})^2 - 2 \times \sqrt{7} \times 2 + 2^2$
$= 7 - 4\sqrt{7} + 4 = \boldsymbol{11 - 4\sqrt{7}}$

(6) $(\sqrt{5}-\sqrt{3})^2 = (\sqrt{5})^2 - 2 \times \sqrt{5} \times \sqrt{3} + (\sqrt{3})^2$
$$= 5 - 2\sqrt{15} + 3 = \mathbf{8 - 2\sqrt{15}}$$

② (1) $\dfrac{1}{\sqrt{7}} = \dfrac{1 \times \sqrt{7}}{\sqrt{7} \times \sqrt{7}} = \dfrac{\sqrt{7}}{7}$

(2) $\dfrac{6}{\sqrt{3}} = \dfrac{6 \times \sqrt{3}}{\sqrt{3} \times \sqrt{3}} = \dfrac{6\sqrt{3}}{3} = 2\sqrt{3}$

(3) $\dfrac{3}{2\sqrt{3}} = \dfrac{3 \times \sqrt{3}}{2\sqrt{3} \times \sqrt{3}} = \dfrac{3\sqrt{3}}{2 \times 3} = \dfrac{\sqrt{3}}{2}$

(4) $\dfrac{3\sqrt{2}}{4\sqrt{3}} = \dfrac{3\sqrt{2} \times \sqrt{3}}{4\sqrt{3} \times \sqrt{3}} = \dfrac{3\sqrt{6}}{4 \times 3} = \dfrac{\sqrt{6}}{4}$

③ (1) $\dfrac{1}{\sqrt{6}+1} = \dfrac{1 \times (\sqrt{6}-1)}{(\sqrt{6}+1)(\sqrt{6}-1)}$
$$= \dfrac{\sqrt{6}-1}{(\sqrt{6})^2 - 1^2}$$
$$= \dfrac{\sqrt{6}-1}{6-1} = \dfrac{\sqrt{6}-1}{5}$$

(2) $\dfrac{1}{\sqrt{2}-1} = \dfrac{1 \times (\sqrt{2}+1)}{(\sqrt{2}-1)(\sqrt{2}+1)}$
$$= \dfrac{\sqrt{2}+1}{(\sqrt{2})^2 - 1^2}$$
$$= \dfrac{\sqrt{2}+1}{2-1} = \sqrt{2}+1$$

(3) $\dfrac{1}{3-\sqrt{7}} = \dfrac{1 \times (3+\sqrt{7})}{(3-\sqrt{7})(3+\sqrt{7})}$
$$= \dfrac{3+\sqrt{7}}{3^2 - (\sqrt{7})^2}$$
$$= \dfrac{3+\sqrt{7}}{9-7} = \dfrac{3+\sqrt{7}}{2}$$

(4) $\dfrac{9}{\sqrt{7}-2} = \dfrac{9 \times (\sqrt{7}+2)}{(\sqrt{7}-2)(\sqrt{7}+2)}$
$$= \dfrac{9(\sqrt{7}+2)}{(\sqrt{7})^2 - 2^2}$$
$$= \dfrac{9(\sqrt{7}+2)}{7-4}$$
$$= \dfrac{9(\sqrt{7}+2)}{3}$$
$$= 3(\sqrt{7}+2) = 3\sqrt{7}+6$$

(5) $\dfrac{2}{\sqrt{11}+\sqrt{5}} = \dfrac{2 \times (\sqrt{11}-\sqrt{5})}{(\sqrt{11}+\sqrt{5})(\sqrt{11}-\sqrt{5})}$
$$= \dfrac{2(\sqrt{11}-\sqrt{5})}{(\sqrt{11})^2 - (\sqrt{5})^2}$$
$$= \dfrac{2(\sqrt{11}-\sqrt{5})}{11-5}$$
$$= \dfrac{2(\sqrt{11}-\sqrt{5})}{6}$$
$$= \dfrac{\sqrt{11}-\sqrt{5}}{3}$$

(6) $\dfrac{5}{\sqrt{7}+\sqrt{2}} = \dfrac{5 \times (\sqrt{7}-\sqrt{2})}{(\sqrt{7}+\sqrt{2})(\sqrt{7}-\sqrt{2})}$
$$= \dfrac{5(\sqrt{7}-\sqrt{2})}{(\sqrt{7})^2 - (\sqrt{2})^2}$$
$$= \dfrac{5(\sqrt{7}-\sqrt{2})}{7-2}$$
$$= \dfrac{5(\sqrt{7}-\sqrt{2})}{5} = \sqrt{7}-\sqrt{2}$$

⑯実数　　　　　　　　p.38

問 8 (1) $x = 0.\dot{6}$ とおき,
この式の両辺を 10 倍すると
$$10x = 6$$
よって $x = \dfrac{6}{10} = \dfrac{3}{5}$
すなわち $0.\dot{6} = \dfrac{\mathbf{3}}{\mathbf{5}}$

(2) $x = 0.\dot{5}\dot{4}$ とおき,
この式の両辺を 100 倍すると
$$100x = 54$$
よって $x = \dfrac{54}{100} = \dfrac{27}{50}$
すなわち $0.\dot{5}\dot{4} = \dfrac{\mathbf{27}}{\mathbf{50}}$

(3) $x = 0.\dot{8}\dot{8}$ とおき,
この式の両辺を 100 倍すると
$$100x = 88$$
よって $x = \dfrac{88}{100} = \dfrac{22}{25}$
すなわち $0.\dot{8}\dot{8} = \dfrac{\mathbf{22}}{\mathbf{25}}$

(4) $x = 0.325$ とおき,
この式の両辺を 1000 倍すると
$$1000x = 325$$
よって $x = \dfrac{325}{1000} = \dfrac{13}{40}$
すなわち $0.325 = \dfrac{\mathbf{13}}{\mathbf{40}}$

問 9 分母を素因数分解したとき, 2 または 5 だけからできているものは 25, 40, 32 だから
$$\dfrac{\mathbf{17}}{\mathbf{25}}, \quad \dfrac{\mathbf{33}}{\mathbf{40}}, \quad \dfrac{\mathbf{21}}{\mathbf{32}}$$

問 10　(1) $\dfrac{4}{9} = 0.444\cdots = 0.\dot{4}$

(2) $\dfrac{9}{11} = 0.818181\cdots = 0.\dot{8}\dot{1}$

(3) $\dfrac{7}{15} = 0.4666\cdots = 0.4\dot{6}$

(4) $\dfrac{18}{37} = 0.486486486\cdots = 0.\dot{4}8\dot{6}$

問 11　(1) $x = 0.5555\cdots\cdots$ ……①

とおいて，①の両辺を 10 倍すると

$10x = 5.5555\cdots\cdots$ ……②

②から①をひくと次のようになる。

$$\begin{array}{r} 10x = 5.5555\cdots\cdots \\ -)\quad x = 0.5555\cdots\cdots \\ \hline 9x = 5 \end{array}$$

よって　$x = \dfrac{5}{9}$　すなわち　$0.\dot{5} = \dfrac{5}{9}$

(2) $x = 0.131313\cdots\cdots$ ……①

とおいて，①の両辺を 100 倍すると

$100x = 13.131313\cdots\cdots$ ……②

②から①をひくと次のようになる。

$$\begin{array}{r} 100x = 13.131313\cdots\cdots \\ -)\quad x = \ \ 0.131313\cdots\cdots \\ \hline 99x = 13 \end{array}$$

よって　$x = \dfrac{13}{99}$　すなわち

$0.\dot{1}\dot{3} = \dfrac{13}{99}$

(3) $x = 0.575757\cdots\cdots$ ……①

とおいて，①の両辺を 100 倍すると

$100x = 57.575757\cdots\cdots$ ……②

②から①をひくと次のようになる。

$$\begin{array}{r} 100x = 57.575757\cdots\cdots \\ -)\quad x = \ \ 0.575757\cdots\cdots \\ \hline 99x = 57 \end{array}$$

よって　$x = \dfrac{57}{99} = \dfrac{19}{33}$　すなわち

$0.\dot{5}\dot{7} = \dfrac{19}{33}$

問 12　(1) 自然数 4

(2) 整数 4, 0, -5

(3) 有理数 4, $-\dfrac{5}{6}$, 0, -5, $\dfrac{9}{7}$, 0.8

(4) 無理数 $\sqrt{3}$, 2π, $\dfrac{\sqrt{2}}{2}$

練習問題

① (1) $x = 0.8$ とおき，

この式の両辺を 10 倍すると

$10x = 8$

よって　$x = \dfrac{8}{10} = \dfrac{4}{5}$

すなわち　$0.8 = \dfrac{4}{5}$

(2) $x = 0.34$ とおき，

この式の両辺を 100 倍すると

$100x = 34$

よって　$x = \dfrac{34}{100} = \dfrac{17}{50}$

すなわち　$0.34 = \dfrac{17}{50}$

(3) $x = 0.72$ とおき，

この式の両辺を 100 倍すると

$100x = 72$

よって　$x = \dfrac{72}{100} = \dfrac{18}{25}$

すなわち　$0.72 = \dfrac{18}{25}$

(4) $x = 0.475$ とおき，

この式の両辺を 1000 倍すると

$1000x = 475$

よって　$x = \dfrac{475}{1000} = \dfrac{19}{40}$

すなわち　$0.475 = \dfrac{19}{40}$

② それぞれの分数の分母を素因数分解する。

$20 = 2 \times 2 \times 5$

$18 = 2 \times 3 \times 3$

$25 = 5 \times 5$

$45 = 3 \times 3 \times 5$

$64 = 2 \times 2 \times 2 \times 2 \times 2 \times 2$

よって，有限小数になる分数は

$\dfrac{9}{20}$, $\dfrac{3}{25}$, $\dfrac{3}{64}$

③ (1) $\dfrac{5}{9} = 0.5555\cdots = 0.\dot{5}$

(2) $\dfrac{8}{11} = 0.727272\cdots = 0.\dot{7}\dot{2}$

(3) $\dfrac{4}{15} = 0.26666\cdots = 0.2\dot{6}$

(4) $\dfrac{35}{37} = 0.945945945\cdots = 0.\dot{9}4\dot{5}$

④ (1) $x = 0.2222\cdots\cdots$ ……①

とおいて，①の両辺を 10 倍すると

$10x = 2.2222\cdots\cdots$ ……②

②から①をひくと次のようになる。

$$
\begin{array}{r}
10x = 2.2222\cdots\cdots \\
-)\ \ x = 0.2222\cdots\cdots \\
\hline
9x = 2
\end{array}
$$

よって $x = \dfrac{2}{9}$ すなわち $0.\dot{2} = \dfrac{2}{9}$

(2) $x = 0.272727\cdots\cdots$ ……①

とおいて，①の両辺を 100 倍すると

$100x = 27.272727\cdots\cdots$ ……②

②から①をひくと次のようになる。

$$
\begin{array}{r}
100x = 27.272727\cdots\cdots \\
-)\ \ \ x = 0.272727\cdots\cdots \\
\hline
99x = 27
\end{array}
$$

よって $x = \dfrac{27}{99} = \dfrac{3}{11}$ すなわち

$0.\dot{2}\dot{7} = \dfrac{3}{11}$

(3) $x = 0.151515\cdots\cdots$ ……①

とおいて，①の両辺を 100 倍すると

$100x = 15.151515\cdots\cdots$ ……②

②から①をひくと次のようになる。

$$
\begin{array}{r}
100x = 15.151515\cdots\cdots \\
-)\ \ \ x = 0.151515\cdots\cdots \\
\hline
99x = 15
\end{array}
$$

よって $x = \dfrac{15}{99} = \dfrac{5}{33}$ すなわち

$0.\dot{1}\dot{5} = \dfrac{5}{33}$

⑤ (1) 自然数 2

(2) 整数 2, 0, -7

(3) 有理数 2, $\dfrac{1}{3}$, 0, -7, 0.5, $-\dfrac{3}{4}$

(4) 無理数 $-\sqrt{5}$, π, $\dfrac{\sqrt{2}}{3}$

Exercise   p. 40

1 (1) $\sqrt{7} + 5\sqrt{7} = 6\sqrt{7}$

(2) $\sqrt{3} - \sqrt{27} = \sqrt{3} - 3\sqrt{3}$
$= -2\sqrt{3}$

(3) $\sqrt{3} - 5\sqrt{3} + 7\sqrt{3} = (1 - 5 + 7)\sqrt{3}$
$= 3\sqrt{3}$

(4) $8\sqrt{2} + \sqrt{5} - 4\sqrt{2} - 3\sqrt{5}$
$= (8 - 4)\sqrt{2} + (1 - 3)\sqrt{5} = \mathbf{4\sqrt{2} - 2\sqrt{5}}$

(5) $\sqrt{24} - \sqrt{54} - \sqrt{96} = 2\sqrt{6} - 3\sqrt{6} - 4\sqrt{6}$
$= (2 - 3 - 4)\sqrt{6}$
$= \mathbf{-5\sqrt{6}}$

(6) $(3\sqrt{2} + 2\sqrt{5})(3\sqrt{2} - 2\sqrt{5})$
$= (3\sqrt{2})^2 - (2\sqrt{5})^2 = 18 - 20 = \mathbf{-2}$

(7) $(\sqrt{3} - 2\sqrt{2})^2$
$= (\sqrt{3})^2 - 2 \times \sqrt{3} \times 2\sqrt{2} + (2\sqrt{2})^2$
$= 3 - 4\sqrt{6} + 8 = \mathbf{11 - 4\sqrt{6}}$

(8) $(3\sqrt{5} - 2\sqrt{7})(2\sqrt{5} + 3\sqrt{7})$
$= 3\sqrt{5} \times 2\sqrt{5} + 3\sqrt{5} \times 3\sqrt{7}$
$\qquad - 2\sqrt{7} \times 2\sqrt{5} - 2\sqrt{7} \times 3\sqrt{7}$
$= 30 + 9\sqrt{35} - 4\sqrt{35} - 42 = \mathbf{-12 + 5\sqrt{35}}$

2 (1) $\dfrac{5}{\sqrt{6}} = \dfrac{5 \times \sqrt{6}}{\sqrt{6} \times \sqrt{6}} = \dfrac{\mathbf{5\sqrt{6}}}{\mathbf{6}}$

(2) $\dfrac{1}{\sqrt{27}} = \dfrac{1}{3\sqrt{3}} = \dfrac{1 \times \sqrt{3}}{3\sqrt{3} \times \sqrt{3}} = \dfrac{\mathbf{\sqrt{3}}}{\mathbf{9}}$

(3) $\dfrac{1}{\sqrt{2} + 1} = \dfrac{1 \times (\sqrt{2} - 1)}{(\sqrt{2} + 1)(\sqrt{2} - 1)}$
$= \dfrac{\sqrt{2} - 1}{(\sqrt{2})^2 - 1^2} = \mathbf{\sqrt{2} - 1}$

(4) $\dfrac{2}{\sqrt{11} - \sqrt{7}} = \dfrac{2 \times (\sqrt{11} + \sqrt{7})}{(\sqrt{11} - \sqrt{7})(\sqrt{11} + \sqrt{7})}$
$= \dfrac{2(\sqrt{11} + \sqrt{7})}{(\sqrt{11})^2 - (\sqrt{7})^2}$
$= \dfrac{2(\sqrt{11} + \sqrt{7})}{11 - 7}$
$= \dfrac{\mathbf{\sqrt{11} + \sqrt{7}}}{\mathbf{2}}$

3 それぞれの分数の分母を素因数分解する。

$14 = 2 \times 7$

$18 = 2 \times 3 \times 3$

$50 = 2 \times 5 \times 5$

$35 = 5 \times 7$

$125 = 5 \times 5 \times 5$

$64 = 2 \times 2 \times 2 \times 2 \times 2 \times 2$

$55 = 5 \times 11$

よって，有限小数になる分数は

$\dfrac{37}{50}$, $\dfrac{9}{125}$, $\dfrac{49}{64}$

4 (1) $\dfrac{13}{18} = 0.72222\cdots = \mathbf{0.7\dot{2}}$

(2) $\dfrac{7}{12} = 0.583333\cdots = \mathbf{0.58\dot{3}}$

(3) $\dfrac{31}{33} = 0.939393\cdots = \mathbf{0.\dot{9}\dot{3}}$

(4) $\dfrac{25}{27} = 0.925925925\cdots = \mathbf{0.\dot{9}2\dot{5}}$

5

(1) $x = 0.\dot{4}$ とおくと

$x = 0.4444\cdots\cdots$ ……①

であるから，①の両辺を 10 倍すると

$10x = 4.4444\cdots\cdots$ ……②

②から①をひくと，次のようになる。

$$\begin{array}{r} 10x = 4.4444\cdots\cdots \\ -)\ \ x = 0.4444\cdots\cdots \\ \hline 9x = 4 \end{array}$$

よって $x = \dfrac{4}{9}$ だから $0.\dot{4} = \dfrac{4}{9}$

(2) $x = 0.\dot{2}\dot{3}$ とおくと

$x = 0.232323\cdots\cdots$ ……①

であるから，①の両辺を 100 倍すると

$100x = 23.232323\cdots\cdots$ ……②

②から①をひくと，次のようになる。

$$\begin{array}{r} 100x = 23.232323\cdots\cdots \\ -)\ \ x = 0.232323\cdots\cdots \\ \hline 99x = 23 \end{array}$$

よって $x = \dfrac{23}{99}$ だから $0.\dot{2}\dot{3} = \dfrac{23}{99}$

(3) $x = 0.\dot{5}\dot{1}$ とおくと

$x = 0.515151\cdots\cdots$ ……①

であるから，①の両辺を 100 倍すると

$100x = 51.515151\cdots\cdots$ ……②

②から①をひくと，次のようになる。

$$\begin{array}{r} 100x = 51.515151\cdots\cdots \\ -)\ \ x = 0.515151\cdots\cdots \\ \hline 99x = 51 \end{array}$$

よって $x = \dfrac{51}{99} = \dfrac{17}{33}$ だから $0.\dot{5}\dot{1} = \dfrac{\mathbf{17}}{\mathbf{33}}$

(4) $x = 0.5\dot{1}$ とおくと

$x = 0.5111\cdots\cdots$ ……①

であるから，①の両辺を 10 倍すると

$10x = 5.1111\cdots\cdots$ ……②

②から①をひくと，次のようになる。

$$\begin{array}{r} 10x = 5.1111\cdots\cdots \\ -)\ \ x = 0.5111\cdots\cdots \\ \hline 9x = 4.6 \end{array}$$

よって $x = \dfrac{4.6}{9} = \dfrac{46}{90} = \dfrac{23}{45}$ だから $0.5\dot{1} = \dfrac{\mathbf{23}}{\mathbf{45}}$

考 $a + b = (\sqrt{7} + \sqrt{2}) + (\sqrt{7} - \sqrt{2})$

$\quad = 2\sqrt{7}$

$ab = (\sqrt{7} + \sqrt{2})(\sqrt{7} - \sqrt{2}) = 7 - 2 = 5$

(1) $a^2 b + ab^2 = ab(a + b) = 5 \times 2\sqrt{7} = \mathbf{10\sqrt{7}}$

(2) $a^2 - b^2 = (a + b)(a - b)$

$\quad = 2\sqrt{7} \times (\sqrt{7} + \sqrt{2} - \sqrt{7} + \sqrt{2})$

$\quad = 2\sqrt{7} \times 2\sqrt{2}$

$\quad = \mathbf{4\sqrt{14}}$

(3) $a^2 + b^2 = (a + b)^2 - 2ab$

$\quad = (2\sqrt{7})^2 - 2 \times 5$

$\quad = 28 - 10 = \mathbf{18}$

---

⑰ 1 次方程式　　　　　p.42

問 1 (1) $3x + 5 = 20$

5 を右辺に移項すると

$\qquad 3x = 20 - 5$

$\qquad 3x = 15$

両辺を 3 でわると $x = \mathbf{5}$

(2) $2x - 7 = 1$

-7 を右辺に移項すると

$\quad 2x = 1 + 7$

$\quad 2x = 8$

両辺を 2 でわると $x = \mathbf{4}$

(3) $2x - 1 = -9$

-1 を右辺に移項すると

$\quad 2x = -9 + 1$

$\quad 2x = -8$

両辺を 2 でわると

$\quad x = \mathbf{-4}$

(4) $-4x - 9 = 3$

-9 を右辺に移項すると

$\quad -4x = 3 + 9$

$\quad -4x = 12$

両辺を -4 でわると

$\quad x = \dfrac{12}{-4} = \mathbf{-3}$

(5) $-2-3x=-8$

 -2 を右辺に移項すると

  $-3x=-8+2$

  $-3x=-6$

 両辺を -3 でわると

  $\boldsymbol{x=2}$

(6) $5x+2=2$

 左辺の 2 を右辺に移項すると

  $5x=2-2$

  $5x=0$

 両辺を 5 でわると

  $\boldsymbol{x=0}$

問 2 (1) $7x+20=2x+5$

 $2x$ を左辺に，20 を右辺に移項すると

   $7x-2x=5-20$

    $5x=-15$

 両辺を 5 でわると $\boldsymbol{x=-3}$

(2) $3x-2=5x$

 $5x$ を左辺に，-2 を右辺に移項すると

   $3x-5x=2$

    $-2x=2$

 両辺を -2 でわると $\boldsymbol{x=-1}$

(3) $3x+1=x+4$

 x を左辺に，1 を右辺に移項すると

   $3x-x=4-1$

    $2x=3$

 両辺を 2 でわると $\boldsymbol{x=\dfrac{3}{2}}$

(4) $2(x+3)=18-4x$

 左辺のかっこをはずすと

  $2x+6=18-4x$

 $-4x$ を左辺に，6 を右辺に移項すると

  $2x+4x=18-6$

   $6x=12$

 両辺を 6 でわると $\boldsymbol{x=2}$

(5) $4x-1=3(x-1)$

 右辺のかっこをはずすと

  $4x-1=3x-3$

 $3x$ を左辺に，-1 を右辺に移項すると

  $4x-3x=-3+1$

   $\boldsymbol{x=-2}$

(6) $x+2(3-x)=2x$

 左辺のかっこをはずすと

  $x+6-2x=2x$

 左辺を整理して

  $-x+6=2x$

 $2x$ を左辺に，6 を右辺に移項すると

  $-x-2x=-6$

  $-3x=-6$

 両辺を -3 でわると $\boldsymbol{x=2}$

問 3 ケーキ 1 個の値段を x 円とすると

  $6x+130\times2=4x+110\times6$

   $6x+260=4x+660$

   $6x-4x=660-260$

    $2x=400$

    $x=200$

 よって，ケーキ 1 個の値段は $\boldsymbol{200}$ 円

練習問題

① (1) $4x+7=15$

 7 を右辺に移項すると

  $4x=15-7$

  $4x=8$

 両辺を 4 でわると

  $\boldsymbol{x=2}$

(2) $3x-7=2$

 -7 を右辺に移項すると

  $3x=2+7$

  $3x=9$

 両辺を 3 でわると

  $\boldsymbol{x=3}$

(3) $-3x+2=8$

 2 を右辺に移項すると

  $-3x=8-2$

  $-3x=6$

 両辺を -3 でわると

  $\boldsymbol{x=-2}$

(4) $-6x-7=-9$

 -7 を右辺に移項すると

  $-6x=-9+7$

  $-6x=-2$

 両辺を -6 でわると

  $\boldsymbol{x=\dfrac{-2}{-6}=\dfrac{1}{3}}$

(5) $-2-5x=-17$

　　-2 を右辺に移項すると

　　　　$-5x=-17+2$

　　　　$-5x=-15$

　　両辺を -5 でわると

　　　　　$x=3$

(6) $-3x+4=4$

　　左辺の 4 を右辺に移項すると

　　　　$-3x=4-4$

　　　　$-3x=0$

　　両辺を -3 でわると

　　　　　$x=0$

② (1) $3x-5=-x+3$

　　$-x$ を左辺に，-5 を右辺に移項すると

　　　　$3x+x=3+5$

　　　　　$4x=8$

　　両辺を 4 でわると

　　　　　$x=2$

(2) $5x-12=8x$

　　$8x$ を左辺に，-12 を右辺に移項すると

　　　　$5x-8x=12$

　　　　　$-3x=12$

　　両辺を -3 でわると

　　　　　$x=-4$

(3) $4x+2=2x+7$

　　$2x$ を左辺に，2 を右辺に移項すると

　　　　$4x-2x=7-2$

　　　　　$2x=5$

　　両辺を 2 でわると

　　　　　$x=\dfrac{5}{2}$

(4) $3(x-3)=15+7x$

　　左辺のかっこをはずすと

　　　　$3x-9=15+7x$

　　$7x$ を左辺に，-9 を右辺に移項すると

　　　　$3x-7x=15+9$

　　　　　$-4x=24$

　　両辺を -4 でわると

　　　　　$x=-6$

(5) $7x-3=6(x+2)$

　　右辺のかっこをはずすと

$7x-3=6x+12$

　　$6x$ を左辺に，-3 を右辺に移項すると

$7x-6x=12+3$

　　　　　$x=15$

(6) $-2x+3(6-x)=x$

　　左辺のかっこをはずすと

　　　　$-2x+18-3x=x$

　　　　　$-5x+18=x$

　　x を左辺に，18 を右辺に移項すると

　　　　$-5x-x=-18$

　　　　　$-6x=-18$

　　両辺を -6 でわると

　　　　　$x=3$

③ ケーキ 1 個の値段を x 円とすると

$5x+120\times3=3x+150\times6$

　　$5x+360=3x+900$

　　$5x-3x=900-360$

　　　　$2x=540$

　　　　$x=270$

よって，ケーキ 1 個の値段は　**270** 円

⑱不等式・不等式の性質　　　　p.44

問 4 (1) $5x+6<7x$

(2) $8x+200\geqq1500$

問 5 (1)
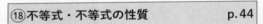

(2)
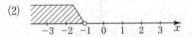

(3)
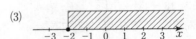

(4)
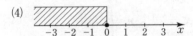

問 6 (1)
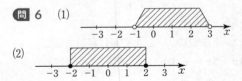

(2)

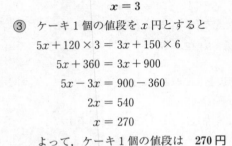

問 7　(1)　$a + 3 \boxed{<} b + 3$

(2)　$a - 4 \boxed{<} b - 4$

問 8　(1)　$3a \boxed{<} 3b$

(2)　$-4a \boxed{>} -4b$

(3)　$\dfrac{a}{5} \boxed{<} \dfrac{b}{5}$

(4)　$\dfrac{a}{-6} \boxed{>} \dfrac{b}{-6}$

練習問題

① (1)　$3x + 5 \leqq 2x$

(2)　$10x + 100 > 1500$

② (1)　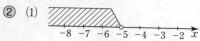

(2)　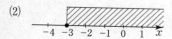

(3)　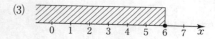

(4)　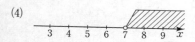

③ (1)　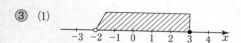

(2)　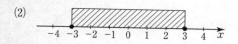

④ (1)　$a + 8 \boxed{<} b + 8$

(2)　$a - 6 \boxed{<} b - 6$

⑤ (1)　$12a \boxed{<} 12b$

(2)　$-8a \boxed{>} -8b$

(3)　$\dfrac{a}{7} \boxed{<} \dfrac{b}{7}$

(4)　$\dfrac{a}{-9} \boxed{>} \dfrac{b}{-9}$

---

⑲ 1 次不等式　　　　　　　p.46

問 9　(1)　$x - 5 \leqq 2$

両辺に 5 をたすと

$x - 5 + 5 \leqq 2 + 5$

よって　$x \leqq 7$

---

(2)　　　　$x - 1 > -3$

両辺に 1 をたすと

$x - 1 + 1 > -3 + 1$

よって　$x > -2$

(3)　　　　$x + 3 < -1$

両辺から 3 をひくと

$x + 3 - 3 < -1 - 3$

よって　$x < -4$

(4)　　　　$x + 5 \geqq 0$

両辺から 5 をひくと

$x + 5 - 5 \geqq 0 - 5$

よって　$x \geqq -5$

(5)　　　$5x > -20$

両辺を 5 でわると

$\dfrac{5x}{5} > \dfrac{-20}{5}$　よって　$x > -4$

(6)　　　$3x \leqq 27$

両辺を 3 でわると

$\dfrac{3x}{3} \leqq \dfrac{27}{3}$　よって　$x \leqq 9$

(7)　　$-2x \geqq -10$

両辺を -2 でわると

$\dfrac{-2x}{-2} \leqq \dfrac{-10}{-2}$　よって　$x \leqq 5$

(8)　　$-6x < 0$

両辺を -6 でわると

$\dfrac{-6x}{-6} > \dfrac{0}{-6}$　よって　$x > 0$

問 10　(1)　$3x + 1 < 7$

1 を右辺に移項すると

$3x < 7 - 1$

$3x < 6$

両辺を 3 でわると

$x < 2$

(2)　$4x - 9 \geqq 3$

-9 を右辺に移項すると

$4x \geqq 3 + 9$

$4x \geqq 12$

両辺を 4 でわると

$x \geqq 3$

23

(3) $-2x-1 \leqq -9$

-1 を右辺に移項すると

$-2x \leqq -9+1$

$-2x \leqq -8$

両辺を -2 でわると

$\boldsymbol{x \geqq 4}$

(4) $5x+10 > 0$

10 を右辺に移項すると

$5x > 0-10$

$5x > -10$

両辺を 5 でわると

$\boldsymbol{x > -2}$

問 11 (1) $4x-1 < x-7$

x を左辺に，-1 を右辺に移項すると

$4x-x < -7+1$

$3x < -6$

両辺を 3 でわると　$\boldsymbol{x < -2}$

(2) $2x+1 \leqq 4-x$

$-x$ を左辺に，1 を右辺に移項すると

$2x+x \leqq 4-1$

$3x \leqq 3$

両辺を 3 でわると　$\boldsymbol{x \leqq 1}$

(3) $5x+2 \geqq 3x-4$

$3x$ を左辺に，2 を右辺に移項すると

$5x-3x \geqq -4-2$

$2x \geqq -6$

両辺を 2 でわると　$\boldsymbol{x \geqq -3}$

(4) $3x+5 > 7x+17$

$7x$ を左辺に，5 を右辺に移項すると

$3x-7x > 17-5$

$-4x > 12$

両辺を -4 でわると　$\boldsymbol{x < -3}$

(5) $-4x-3 < x+7$

x を左辺に，-3 を右辺に移項すると

$-4x-x < 7+3$

$-5x < 10$

両辺を -5 でわると　$\boldsymbol{x > -2}$

(6) $3x+12 \geqq 5x+9$

$5x$ を左辺に，12 を右辺に移項すると

$3x-5x \geqq 9-12$

$-2x \geqq -3$

両辺を -2 でわると　$x \leqq \dfrac{3}{2}$

(7) $3(x-3) \leqq x-5$

左辺のかっこをはずすと

$3x-9 \leqq x-5$

x を左辺に，-9 を右辺に移項すると

$3x-x \leqq -5+9$

$2x \leqq 4$

両辺を 2 でわると　$\boldsymbol{x \leqq 2}$

(8) $2(x+4) > 3x+4$

左辺のかっこをはずすと

$2x+8 > 3x+4$

$3x$ を左辺に，8 を右辺に移項すると

$2x-3x > 4-8$

$-x > -4$

両辺を -1 でわると　$\boldsymbol{x < 4}$

練習問題

① (1) $x-6 < 3$

両辺に 6 をたすと

$x-6+6 < 3+6$

よって　$\boldsymbol{x < 9}$

(2) $x-2 > -5$

両辺に 2 をたすと

$x-2+2 > -5+2$

よって　$\boldsymbol{x > -3}$

(3) $x+8 < -5$

両辺から 8 をひくと

$x+8-8 < -5-8$

よって　$\boldsymbol{x < -13}$

(4) $x+7 \geqq 0$

両辺から 7 をひくと

$x+7-7 \geqq 0-7$

よって　$\boldsymbol{x \geqq -7}$

(5) $2x \geqq -16$

両辺を 2 でわると　$\dfrac{2x}{2} \geqq \dfrac{-16}{2}$

よって　$\boldsymbol{x \geqq -8}$

(6) $4x < -20$

両辺を 4 でわると　$\dfrac{4x}{4} < \dfrac{-20}{4}$

よって　$\boldsymbol{x < -5}$

24

(7) $-3x \leqq 36$

両辺を -3 でわると $\dfrac{-3x}{-3} \geqq \dfrac{36}{-3}$

よって $x \geqq -12$

(8) $-4x > 0$

両辺を -4 でわると $\dfrac{-4x}{-4} < \dfrac{0}{-4}$

よって $x < 0$

② (1) $5x - 4 < 6$

両辺に 4 をたすと

$5x - 4 + 4 < 6 + 4$

$5x < 10$

両辺を 5 でわると $x < 2$

(2) $2x - 7 \geqq -3$

両辺に 7 をたすと

$2x - 7 + 7 \geqq -3 + 7$

$2x \geqq 4$

両辺を 2 でわると $x \geqq 2$

(3) $3x + 5 \leqq 8$

両辺から 5 をひくと

$3x + 5 - 5 \leqq 8 - 5$

$3x \leqq 3$

両辺を 3 でわると $x \leqq 1$

(4) $3x - 15 > 0$

両辺に 15 をたすと

$3x - 15 + 15 > 0 + 15$

$3x > 15$

両辺を 3 でわると $x > 5$

③ (1) $5x - 4 < x + 8$

x を左辺に，-4 を右辺に移項すると

$5x - x < 8 + 4$

$4x < 12$

両辺を 4 でわると $x < 3$

(2) $3x - 2 \leqq 4 + x$

x を左辺に，-2 を右辺に移項すると

$3x - x \leqq 4 + 2$

$2x \leqq 6$

両辺を 2 でわると $x \leqq 3$

(3) $6x - 1 \geqq 2x - 9$

$2x$ を左辺に，-1 を右辺に移項すると

$6x - 2x \geqq -9 + 1$

$4x \geqq -8$

両辺を 4 でわると $x \geqq -2$

(4) $2x + 5 > 4x - 1$

$4x$ を左辺に，5 を右辺に移項すると

$2x - 4x > -1 - 5$

$-2x > -6$

両辺を -2 でわると $x < 3$

(5) $-3x - 12 > 7x - 2$

$7x$ を左辺に，-12 を右辺に移項すると

$-3x - 7x > -2 + 12$

$-10x > 10$

両辺を -10 でわると $x < -1$

(6) $5x - 2 > 8x + 5$

$8x$ を左辺に，-2 を右辺に移項すると

$5x - 8x > 5 + 2$

$-3x > 7$

両辺を -3 でわると $x < -\dfrac{7}{3}$

(7) $3(x - 5) \leqq 8x$

左辺のかっこをはずすと

$3x - 15 \leqq 8x$

$8x$ を左辺に，-15 を右辺に移項すると

$3x - 8x \leqq 15$

$-5x \leqq 15$

両辺を -5 でわると $x \geqq -3$

(8) $4(x + 1) > 5x - 3$

左辺のかっこをはずすと

$4x + 4 > 5x - 3$

$5x$ を左辺に，4 を右辺に移項すると

$4x - 5x > -3 - 4$

$-x > -7$

両辺を -1 でわると $x < 7$

⑳ 連立不等式・不等式の利用 　　p.48

問 12 (1) $\begin{cases} x + 2 < 8 & \cdots\cdots ① \\ 2x > 8 & \cdots\cdots ② \end{cases}$

①を解くと $x < 6$ $\cdots\cdots ③$

②を解くと $x > 4$ $\cdots\cdots ④$

③，④をともにみたす x の値の範囲は，図より

$4 < x < 6$

(2) $\begin{cases} x \leqq 2x+6 & \cdots\cdots① \\ 3x-1 \leqq x+1 & \cdots\cdots② \end{cases}$

①を解くと　$x-2x \leqq 6$

$-x \leqq 6$

$x \geqq -6$　　$\cdots\cdots③$

②を解くと　$3x-x \leqq 1+1$

$2x \leqq 2$

$x \leqq 1$　　　$\cdots\cdots④$

③, ④をともにみたす x の値の範囲は, 図より

$-6 \leqq x \leqq 1$

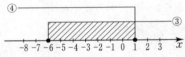

問 13 バラを x 本買ったとすると

$210x + 1700 \leqq 3000$

これより　$210x \leqq 1300$

$x \leqq \dfrac{130}{21} = 6.19\cdots$

よって, **6本まで買える。**

練習問題

① (1) $\begin{cases} x+4 > 2 & \cdots\cdots① \\ 3x < 9 & \cdots\cdots② \end{cases}$

①の不等式を解くと　$x > -2$　$\cdots\cdots③$

②の不等式を解くと　$x < 3$　　$\cdots\cdots④$

③, ④をともにみたす x の値の範囲を図示すると, 次のようになる。

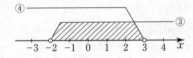

よって　$-2 < x < 3$

(2) $\begin{cases} 3x-2 \leqq 2x+5 & \cdots\cdots① \\ 5x+3 \geqq 3x-5 & \cdots\cdots② \end{cases}$

①の不等式を解くと　$x \leqq 7$　　　$\cdots\cdots③$

②の不等式を解くと　$x \geqq -4$　　$\cdots\cdots④$

③, ④をともにみたす x の値の範囲を図示すると, 次のようになる。

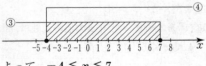

よって　$-4 \leqq x \leqq 7$

② 写真の枚数を x 枚とすると

$4x + 5 \leqq 50$

$4x \leqq 45$

$x \leqq \dfrac{45}{4} = 11.25$

よって, **11枚まで入れられる。**

Exercise　　　　p.50

1 (1) $3x - 4 = 2$

$3x = 6$ から　$x = 2$

(2) $5x + 4 = 3x - 2$

$2x = -6$ から　$x = -3$

(3) $3x - 1 = 6x + 8$

$-3x = 9$ から　$x = -3$

(4) $3(2x - 1) = 4x + 5$

$6x - 3 = 4x + 5$

$6x - 4x = 5 + 3$

$2x = 8$ から　$x = 4$

(5) $3 - x = 2(3x + 5)$

$3 - x = 6x + 10$

$-x - 6x = 10 - 3$

$-7x = 7$ から　$x = -1$

(6) $2x - 9(2 - x) = 5 - (3 - x)$

$2x - 18 + 9x = 5 - 3 + x$

$2x + 9x - x = 5 - 3 + 18$

$10x = 20$ から　$x = 2$

2 (1) $x - 3 \leqq 1$

両辺に3をたすと

$x - 3 + 3 \leqq 1 + 3$

よって　$x \leqq 4$

(2) $2x > -8$

両辺を2でわると

$\dfrac{2x}{2} > \dfrac{-8}{2}$

よって　$x > -4$

(3) $-3x \geqq 6$

両辺を -3 でわると

$\dfrac{-3x}{-3} \leqq \dfrac{6}{-3}$

よって　$x \leqq -2$

(4) $\dfrac{x}{3} < 2$

両辺に3をかけると

$$\frac{x}{3} \times 3 < 2 \times 3$$

よって $x < 6$

3 (1) $3x - 1 < 14$

-1 を右辺に移項すると

$$3x < 14 + 1$$
$$3x < 15$$

両辺を 3 でわると $x < 5$

(2) $1 - 4x \geqq 9$

1 を右辺に移項すると

$$-4x \geqq 9 - 1$$
$$-4x \geqq 8$$

両辺を -4 でわると $x \leqq -2$

(3) $5x - 7 > 3x + 1$

$3x$ を左辺に，-7 を右辺に移項すると

$$5x - 3x > 1 + 7$$
$$2x > 8$$

両辺を 2 でわると $x > 4$

(4) $x - 2 \leqq 3x + 4$

$3x$ を左辺に，-2 を右辺に移項すると

$$x - 3x \leqq 4 + 2$$
$$-2x \leqq 6$$

両辺を -2 でわると $x \geqq -3$

(5) $0.3x + 0.2 \geqq 0.1x - 1$

両辺に 10 をかけると

$$3x + 2 \geqq x - 10$$

x を左辺に，2 を右辺に移項すると

$$3x - x \geqq -10 - 2$$
$$2x \geqq -12$$

両辺を 2 でわると $x \geqq -6$

(6) $1 - \dfrac{1}{2}x < -4$

1 を右辺に移項すると

$$-\frac{1}{2}x < -4 - 1$$
$$-\frac{1}{2}x < -5$$

両辺に -2 をかけると $x > 10$

4 (1) $\begin{cases} x + 1 > -2 & \cdots\cdots ① \\ -3x > -6 & \cdots\cdots ② \end{cases}$

①から $x > -3$ $\cdots\cdots ③$

②から $x < 2$ $\cdots\cdots ④$

③，④をともにみたす x の値の範囲を図示すると，次のようになる。

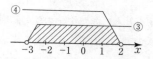

よって $-3 < x < 2$

(2) $\begin{cases} 5x - 4 \leqq 2x + 5 & \cdots\cdots ① \\ 2x - 1 \geqq 4x + 3 & \cdots\cdots ② \end{cases}$

①から $3x \leqq 9$

よって $x \leqq 3$ $\cdots\cdots ③$

②から $-2x \geqq 4$

よって $x \leqq -2$ $\cdots\cdots ④$

③，④をともにみたす x の値の範囲を図示すると，次のようになる。

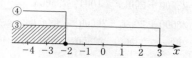

したがって $x \leqq -2$

(3) $\begin{cases} 4x \leqq 2(x + 1) & \cdots\cdots ① \\ 3x - 1 < 5x + 3 & \cdots\cdots ② \end{cases}$

①から $4x \leqq 2x + 2$

$$2x \leqq 2$$

よって $x \leqq 1$ $\cdots\cdots ③$

②から $3x - 5x < 3 + 1$

$$-2x < 4$$

よって $x > -2$ $\cdots\cdots ④$

③，④をともにみたす x の値の範囲を図示すると，次のようになる。

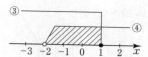

したがって $-2 < x \leqq 1$

(4) $\begin{cases} x + 7 < 3x - 1 & \cdots\cdots ① \\ 2(x - 3) > x - 5 & \cdots\cdots ② \end{cases}$

①から $x - 3x < -1 - 7$

$$-2x < -8$$

よって $x > 4$ $\cdots\cdots ③$

②から $\qquad 2x-6>x-5$

$\qquad\qquad 2x-x>-5+6$

よって $\qquad\qquad x>1$ ……④

③, ④をともにみたす x の値の範囲を図示すると，次のようになる。

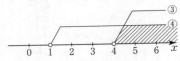

したがって $\quad x>4$

考 全体の冊数を x 冊（ただし，$x>100$）とする。

$\qquad$ 100 冊までは 23500 円，それを超える $(x-100)$ 冊については 1 冊あたり 200 円だから，印刷代の合計は

$\qquad 23500+200(x-100)$（円）

となる。ゆえに，条件から

$\qquad 23500+200(x-100)\leqq 35000$

$\qquad 23500+200x-20000\leqq 35000$

$\qquad 200x\leqq 35000-23500+20000$

$\qquad 200x\leqq 31500$

$\qquad x\leqq \dfrac{31500}{200}=157.5$

よって，**157 冊まで印刷できる。**

㉑ 1 次関数とそのグラフ　　　　p.54

問 1 (1) $y=3\times 4-5=7$ よって $\boldsymbol{y=7}$

(2) $y=3\times(-1)-5=-3-5=-8$

$\qquad$ よって $\boldsymbol{y=-8}$

問 2 $\quad x=7$ を式に代入すると

$\qquad\qquad y=18-6\times 7=-24$

よって，この町の上空 7km における気温は

$\qquad\qquad$ **-24℃**

問 3 (1) **傾き 2，切片 -1**

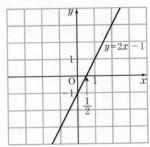

(2) **傾き -1，切片 2**

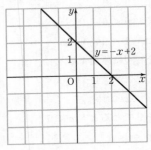

(3) **傾き $\dfrac{1}{2}$，切片 -3**

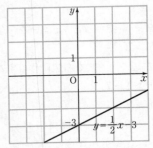

問 4 (1) y 軸との交点は　**点 $(0, 4)$**

$\qquad x$ 軸との交点は

$\qquad 0=x+4$ から $x=-4$

$\qquad$ よって　**点 $(-4, 0)$**

(2) y 軸との交点は　**点 $(0, 1)$**

$\qquad x$ 軸との交点は

$\qquad 0=-x+1$ から $x=1$

$\qquad$ よって　**点 $(1, 0)$**

(3) y 軸との交点は　**点 $(0, -2)$**

$\qquad x$ 軸との交点は

$\qquad 0=2x-2$ から $x=1$

$\qquad$ よって　**点 $(1, 0)$**

(4) y 軸との交点は　**点 $(0, -4)$**

$\qquad x$ 軸との交点は

$\qquad 0=-2x-4$ から $x=-2$

$\qquad$ よって　**点 $(-2, 0)$**

練習問題

① (1) $y=25-4\times 5=25-20=\boldsymbol{5}$

(2) $y=25-4\times(-5)=25+20=\boldsymbol{45}$

② (1) 1 時間に 4km の速さで歩くから，x 時間後は $4x$ km の距離を歩く。よって

$\qquad\qquad \boldsymbol{y=100-4x}$

28

(2) $y = 100 - 4 \times 10 = 60$ より　**60 km**

③ (1) 傾き 1，切片 -2

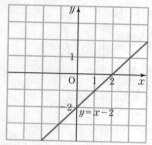

(2) 傾き -2，切片 1

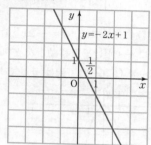

(3) 傾き $-\dfrac{1}{2}$，切片 -1

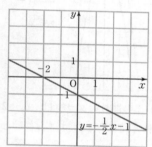

④ (1) y 軸との交点は **点(0, -4)**
　　x 軸との交点は
　　$0 = x - 4$ から $x = 4$
　　よって **点(4, 0)**

(2) y 軸との交点は **点(0, -2)**
　　x 軸との交点は
　　$0 = -x - 2$ から $x = -2$
　　よって **点(-2, 0)**

(3) y 軸との交点は **点(0, 6)**
　　x 軸との交点は
　　$0 = 3x + 6$ から $x = -2$
　　よって **点(-2, 0)**

(4) y 軸との交点は **点(0, -3)**

x 軸との交点は
$0 = -3x - 3$ から $x = -1$
よって **点(-1, 0)**

㉒ 2次関数・$y = ax^2$ のグラフ　　p.56

問5 (1) 底面の円の面積は　$\pi x^2 \mathrm{cm}^2$
　　高さが 20 cm だから　$y = 20\pi x^2$

(2) $x = 5$ を(1)の式に代入すると
　　$y = 20\pi \times 5^2$
　　　$= 500\pi$
　よって，円柱の体積は **$500\pi \mathrm{cm}^3$**

問6 (1)

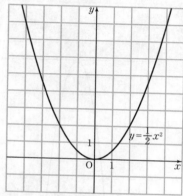

(2)

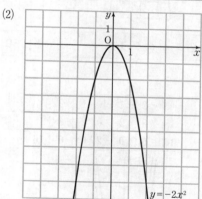

練習問題

① (1) 底面の円の面積は $\pi x^2 \mathrm{cm}^2$
　　円錐の体積 = 底面積 × 高さ ÷ 3 だから
　　$y = \pi x^2 \times 15 \div 3$ すなわち
　　$y = 5\pi x^2$

(2) $x = 4$ を(1)の式に代入すると
　　$y = 5\pi \times 4^2 = 5\pi \times 16 = 80\pi (\mathrm{cm}^3)$
　　よって，円錐の体積は **$80\pi \mathrm{cm}^3$**

②
(1)

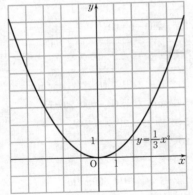

$y = \dfrac{1}{3}x^2$

(2)

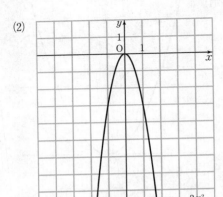

$y = -3x^2$

㉓ $y = ax^2 + q$ のグラフ   p.58

問 7

x	…	-3	-2	-1	0	1	2	3	…
$2x^2$	…	18	8	2	0	2	8	18	…
$2x^2-2$	…	16	6	0	-2	0	6	16	…

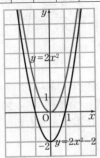

$y = 2x^2$
$y = 2x^2 - 2$

問 8 (1) この関数のグラフは，$y = x^2$ のグラフを y 軸方向に 2 だけ平行移動した放物線で 頂点は 点 $(0, 2)$ 軸は y 軸である。

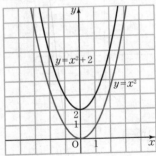

$y = x^2 + 2$
$y = x^2$

(2) この関数のグラフは，$y = -2x^2$ のグラフを y 軸方向に -3 だけ平行移動した放物線で 頂点は 点 $(0, -3)$ 軸は y 軸である。

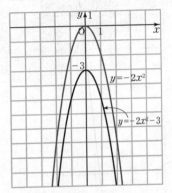

$y = -2x^2$
$y = -2x^2 - 3$

問 9 (1) この関数のグラフは，$y = 2x^2$ のグラフを y 軸方向に -1 だけ平行移動した放物線で 頂点は 点 $(0, -1)$ 軸は y 軸である。

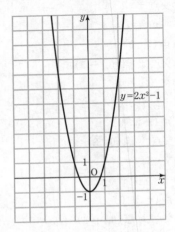

$y = 2x^2 - 1$

(2) この関数のグラフは, $y = -x^2$ のグラフを
y 軸方向に 4 だけ平行移動した放物線で
頂点は 点 $(0, 4)$ 軸は y 軸である。

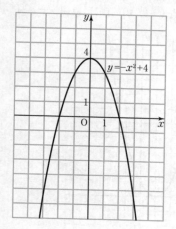

練習問題
①

x	$\cdots$	-3	-2	-1	0	1	2	3	$\cdots$
$-2x^2$	$\cdots$	-18	-8	-2	0	-2	-8	-18	$\cdots$
$-2x^2+3$	$\cdots$	-15	-5	1	3	1	-5	-15	$\cdots$

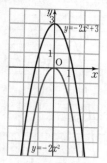

② (1) この関数のグラフは, $y = x^2$ のグラフ
を y 軸方向に -3 だけ平行移動した放物線で
頂点は 点 $(0, -3)$ 軸は y 軸である。

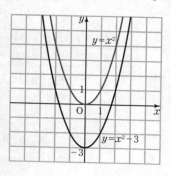

(2) この関数のグラフは, $y = -2x^2$ のグラフを
y 軸方向に 2 だけ平行移動した放物線で
頂点は 点 $(0, 2)$ 軸は y 軸である。

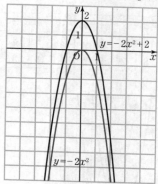

③ (1) この関数のグラフは, $y = 2x^2$ のグラフ
を y 軸方向に 2 だけ平行移動した放物線で
頂点は 点 $(0, 2)$ 軸は y 軸である。

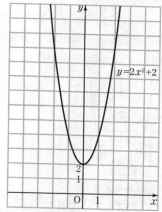

(2) この関数のグラフは, $y = -x^2$ のグラフを y
軸方向に -1 だけ平行移動した放物線で
頂点は 点 $(0, -1)$ 軸は y 軸である。

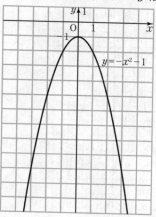

㉔ $y = a(x-p)^2$ のグラフ

p.60

問 10

x	$\cdots$	-3	-2	-1	0	1	2	3	$\cdots$
$2x^2$	$\cdots$	18	8	2	0	2	8	18	$\cdots$
$2(x+1)^2$	$\cdots$	8	2	0	2	8	18	32	$\cdots$

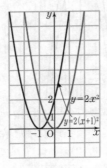

問 11 (1) この関数のグラフは，$y = 2x^2$ のグラフを x 軸方向に **2** だけ平行移動した放物線で

頂点は 点 **(2, 0)** 軸は 直線 $x = 2$

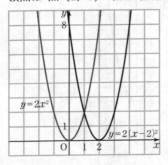

(2) この関数のグラフは，$y = -x^2$ のグラフを x 軸方向に **−3** だけ平行移動した放物線で

頂点は 点 **(−3, 0)** 軸は 直線 $x = -3$

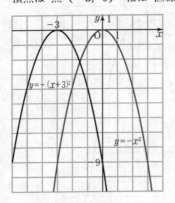

問 12 (1) この関数のグラフは，$y = x^2$ のグラフを x 軸方向に **−1** だけ平行移動した放物線で

頂点は 点 **(−1, 0)** 軸は 直線 $x = -1$

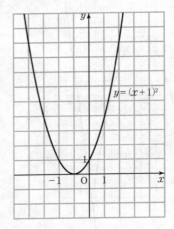

(2) この関数のグラフは，$y = -2x^2$ のグラフを x 軸方向に **1** だけ平行移動した放物線で

頂点は 点 **(1, 0)** 軸は 直線 $x = 1$

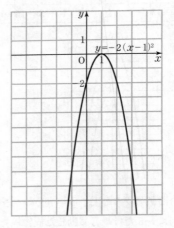

練習問題

①

x	$\cdots$	-2	-1	0	1	2	3	4	$\cdots$
$-2x^2$	$\cdots$	-8	-2	0	-2	-8	-18	-32	$\cdots$
$-2(x-2)^2$	$\cdots$	-32	-18	-8	-2	0	-2	-8	$\cdots$

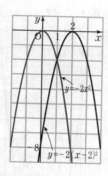

③ (1) この関数のグラフは $y = 2x^2$ のグラフ
を x 軸方向に -2 だけ平行移動した放物線で
頂点は 点 $(-2,\ 0)$　軸は 直線 $x = -2$

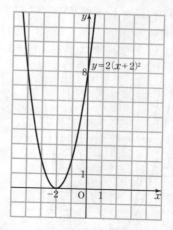

② (1) この関数のグラフは，$y = x^2$ のグラフ
を x 軸方向に 2 だけ平行移動した放物線で
頂点は 点 $(2,\ 0)$　軸は 直線 $x = 2$

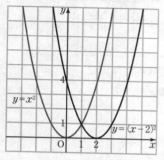

(2) この関数のグラフは，$y = -2x^2$ のグラフを
x 軸方向に -1 だけ平行移動した放物線で
頂点は 点 $(-1,\ 0)$　軸は 直線 $x = -1$

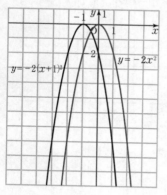

(2) この関数のグラフは $y = -x^2$ のグラフを x
軸方向に 2 だけ平行移動した放物線で
頂点は 点 $(2,\ 0)$　軸は 直線 $x = 2$

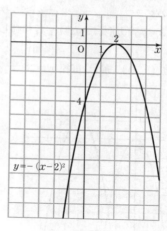

問 13　(1)　この関数のグラフは，$y = x^2$ のグラフを x 軸方向に -1，y 軸方向に 2 だけ平行移動した放物線で

頂点は　点 $(-1,\ 2)$　軸は　直線 $x = -1$

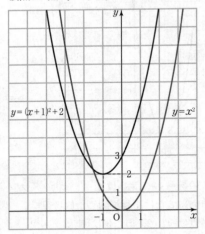

(2)　この関数のグラフは，$y = -2x^2$ のグラフを x 軸方向に 3，y 軸方向に 1 だけ平行移動した放物線で

頂点は　点 $(3,\ 1)$　軸は　直線 $x = 3$

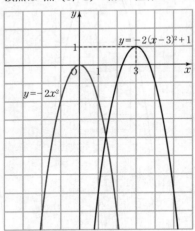

問 14　(1)　頂点は　点 $(2,\ -3)$
　　　　　　軸は　直線 $x = 2$

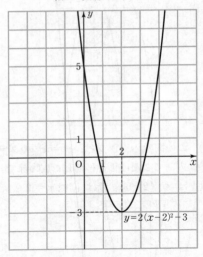

(2)　頂点は　点 $(-1,\ 4)$
　　　軸は　直線 $x = -1$

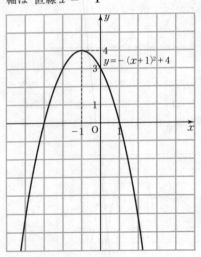

練習問題

① (1) この関数のグラフは, $y = 2x^2$ のグラフを
x 軸方向に 1, y 軸方向に -2 だけ平行移動し
た放物線で

頂点は 点 $(1, -2)$ 軸は 直線 $x = 1$ であ
る。

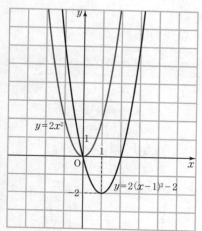

(2) この関数のグラフは, $y = -x^2$ のグラフを
x 軸方向に -2, y 軸方向に 3 だけ平行移動し
た放物線で

頂点は 点 $(-2, 3)$ 軸は 直線 $x = -2$ で
ある。

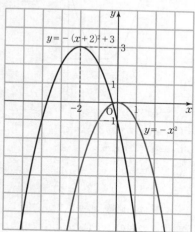

② (1) 頂点は 点 $(3, -2)$
軸は 直線 $x = 3$

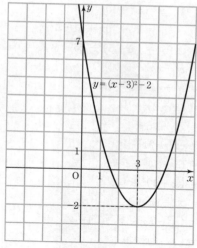

(2) 頂点は 点 $(-3, 1)$
軸は 直線 $x = -3$

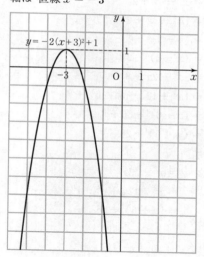

問 15　(1)　$y = x^2 + 10x$
$$= x^2 + 10x + 5^2 - 5^2$$
$$= (x + 5)^2 - 25$$

(2)　$y = x^2 - 4x$
$$= x^2 - 4x + 2^2 - 2^2$$
$$= (x - 2)^2 - 4$$

(3)　$y = x^2 + 2x + 5$
$$= (x^2 + 2x + 1^2 - 1^2) + 5$$
$$= (x + 1)^2 - 1 + 5$$
$$= (x + 1)^2 + 4$$

(4)　$y = x^2 - 6x + 1$
$$= (x^2 - 6x + 3^2 - 3^2) + 1$$
$$= (x - 3)^2 - 9 + 1$$
$$= (x - 3)^2 - 8$$

(5)　$y = x^2 - 4x + 2$
$$= (x^2 - 4x + 2^2 - 2^2) + 2$$
$$= (x - 2)^2 - 4 + 2$$
$$= (x - 2)^2 - 2$$

(6)　$y = x^2 + 12x + 8$
$$= (x^2 + 12x + 6^2 - 6^2) + 8$$
$$= (x + 6)^2 - 36 + 8$$
$$= (x + 6)^2 - 28$$

練習問題

① (1)　$y = x^2 - 12x$
$$= x^2 - 12x + 6^2 - 6^2$$
$$= (x - 6)^2 - 36$$

(2)　$y = x^2 + 8x$
$$= x^2 + 8x + 4^2 - 4^2$$
$$= (x + 4)^2 - 16$$

(3)　$y = x^2 + 6x + 7$
$$= (x^2 + 6x + 3^2 - 3^2) + 7$$
$$= (x + 3)^2 - 9 + 7$$
$$= (x + 3)^2 - 2$$

(4)　$y = x^2 - 4x + 5$
$$= (x^2 - 4x + 2^2 - 2^2) + 5$$
$$= (x - 2)^2 - 4 + 5$$
$$= (x - 2)^2 + 1$$

(5)　$y = x^2 - 8x + 10$
$$= (x^2 - 8x + 4^2 - 4^2) + 10$$
$$= (x - 4)^2 - 16 + 10$$
$$= (x - 4)^2 - 6$$

(6)　$y = x^2 + 14x + 10$
$$= (x^2 + 14x + 7^2 - 7^2) + 10$$
$$= (x + 7)^2 - 49 + 10$$
$$= (x + 7)^2 - 39$$

問 16　(1)　$y = x^2 + 4x$
$$= x^2 + 4x + 2^2 - 2^2$$
$$= (x + 2)^2 - 4$$
よって，頂点は　点 $(-2, -4)$
　　　　軸は　直線 $x = -2$
グラフは次の図のようになる。

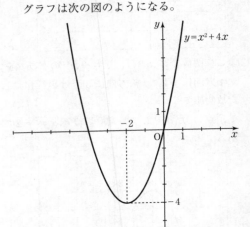

(2)　$y = x^2 - 6x + 3$
$$= (x^2 - 6x + 3^2 - 3^2) + 3$$
$$= (x - 3)^2 - 9 + 3$$
$$= (x - 3)^2 - 6$$
よって，頂点は　点 $(3, -6)$
　　　　軸は　直線 $x = 3$
グラフは次の図のようになる。

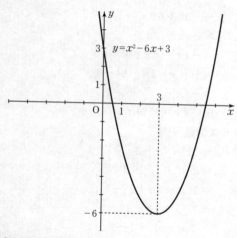

$y = x^2 - 6x + 3$

プラス問題 8

(1) $y = x^2 - 2x$

$\quad = x^2 - 2x + 1^2 - 1^2$

$\quad = (x-1)^2 - 1$

よって，頂点は　点 $(\mathbf{1},\ -\mathbf{1})$

$\qquad$ 軸は　直線 $x = 1$

グラフは次の図のようになる。

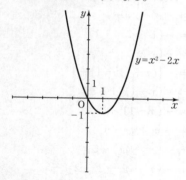

$y = x^2 - 2x$

(2) $y = x^2 - 6x + 7$

$\quad = (x^2 - 6x + 3^2 - 3^2) + 7$

$\quad = (x-3)^2 - 9 + 7$

$\quad = (x-3)^2 - 2$

よって，頂点は　点 $(\mathbf{3},\ -\mathbf{2})$

$\qquad$ 軸は　直線 $x = 3$

グラフは次の図のようになる。

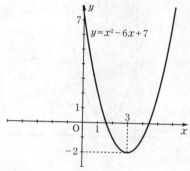

$y = x^2 - 6x + 7$

(3) $y = x^2 + 8x + 13$

$\quad = (x^2 + 8x + 4^2 - 4^2) + 13$

$\quad = (x+4)^2 - 16 + 13$

$\quad = (x+4)^2 - 3$

よって，頂点は　点 $(-\mathbf{4},\ -\mathbf{3})$

$\qquad$ 軸は　直線 $x = -4$

グラフは次の図のようになる。

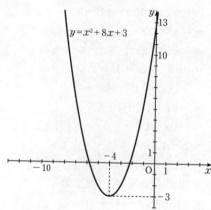

$y = x^2 + 8x + 3$

(4) $y = x^2 - 4x + 5$

$\quad = (x^2 - 4x + 2^2 - 2^2) + 5$

$\quad = (x-2)^2 - 4 + 5$

$\quad = (x-2)^2 + 1$

よって，頂点は　点 $(\mathbf{2},\ \mathbf{1})$

$\qquad$ 軸は　直線 $x = 2$

グラフは次の図のようになる。

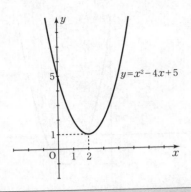

$y = x^2 - 4x + 5$

㉘ $y = ax^2 + bx + c$ **のグラフ(1)**　　p.68

問 17　(1)　$y = 2x^2 - 4x - 1$
$= 2(x^2 - 2x) - 1$
$= 2(x^2 - 2x + 1^2 - 1^2) - 1$
$= 2\{(x-1)^2 - 1\} - 1$
$= 2(x-1)^2 - 2 - 1$
$= \boldsymbol{2(x-1)^2 - 3}$

(2)　$y = -x^2 + 2x - 5$
$= -(x^2 - 2x) - 5$
$= -(x^2 - 2x + 1^2 - 1^2) - 5$
$= -\{(x-1)^2 - 1\} - 5$
$= -(x-1)^2 + 1 - 5$
$= \boldsymbol{-(x-1)^2 - 4}$

(3)　$y = 2x^2 + 8x + 11$
$= 2(x^2 + 4x) + 11$
$= 2(x^2 + 4x + 2^2 - 2^2) + 11$
$= 2\{(x+2)^2 - 4\} + 11$
$= 2(x+2)^2 - 8 + 11$
$= \boldsymbol{2(x+2)^2 + 3}$

(4)　$y = -x^2 - 4x + 2$
$= -(x^2 + 4x) + 2$
$= -(x^2 + 4x + 2^2 - 2^2) + 2$
$= -\{(x+2)^2 - 4\} + 2$
$= -(x+2)^2 + 4 + 2$
$= \boldsymbol{-(x+2)^2 + 6}$

(5)　$y = 2x^2 - 12x + 13$
$= 2(x^2 - 6x) + 13$
$= 2(x^2 - 6x + 3^2 - 3^2) + 13$
$= 2\{(x-3)^2 - 9\} + 13$
$= 2(x-3)^2 - 18 + 13$
$= \boldsymbol{2(x-3)^2 - 5}$

(6)　$y = -x^2 + 6x - 3$
$= -(x^2 - 6x) - 3$
$= -(x^2 - 6x + 3^2 - 3^2) - 3$
$= -\{(x-3)^2 - 9\} - 3$
$= -(x-3)^2 + 9 - 3$
$= \boldsymbol{-(x-3)^2 + 6}$

プラス問題⑨

(1)　$y = 2x^2 + 4x - 3$
$= 2(x^2 + 2x) - 3$
$= 2(x^2 + 2x + 1^2 - 1^2) - 3$
$= 2\{(x+1)^2 - 1\} - 3$
$= 2(x+1)^2 - 2 - 3$
$= \boldsymbol{2(x+1)^2 - 5}$

(2)　$y = 2x^2 - 8x + 7$
$= 2(x^2 - 4x) + 7$
$= 2(x^2 - 4x + 2^2 - 2^2) + 7$
$= 2\{(x-2)^2 - 4\} + 7$
$= 2(x-2)^2 - 8 + 7$
$= \boldsymbol{2(x-2)^2 - 1}$

(3)　$y = -x^2 - 2x + 1$
$= -(x^2 + 2x) + 1$
$= -(x^2 + 2x + 1^2 - 1^2) + 1$
$= -\{(x+1)^2 - 1\} + 1$
$= -(x+1)^2 + 1 + 1$
$= \boldsymbol{-(x+1)^2 + 2}$

(4)　$y = -x^2 + 4x - 5$
$= -(x^2 - 4x) - 5$
$= -(x^2 - 4x + 2^2 - 2^2) - 5$
$= -\{(x-2)^2 - 4\} - 5$
$= -(x-2)^2 + 4 - 5$
$= \boldsymbol{-(x-2)^2 - 1}$

(5)　$y = -2x^2 + 8x - 5$
$= -2(x^2 - 4x) - 5$
$= -2(x^2 - 4x + 2^2 - 2^2) - 5$
$= -2\{(x-2)^2 - 4\} - 5$
$= -2(x-2)^2 + 8 - 5$
$= \boldsymbol{-2(x-2)^2 + 3}$

(6)　$y = -2x^2 - 4x$
$= -2(x^2 + 2x)$
$= -2(x^2 + 2x + 1^2 - 1^2)$
$= -2\{(x+1)^2 - 1\}$

$$= -2(x+1)^2 + 2$$

練習問題

① (1) $y = 2x^2 + 4x + 3$
$$= 2(x^2 + 2x) + 3$$
$$= 2(x^2 + 2x + 1^2 - 1^2) + 3$$
$$= 2\{(x+1)^2 - 1\} + 3$$
$$= 2(x+1)^2 - 2 + 3$$
$$= \mathbf{2(x+1)^2 + 1}$$

(2) $y = -x^2 - 2x + 3$
$$= -(x^2 + 2x) + 3$$
$$= -(x^2 + 2x + 1^2 - 1^2) + 3$$
$$= -\{(x+1)^2 - 1\} + 3$$
$$= -(x+1)^2 + 1 + 3$$
$$= \mathbf{-(x+1)^2 + 4}$$

(3) $y = 2x^2 - 8x + 15$
$$= 2(x^2 - 4x) + 15$$
$$= 2(x^2 - 4x + 2^2 - 2^2) + 15$$
$$= 2\{(x-2)^2 - 4\} + 15$$
$$= 2(x-2)^2 - 8 + 15$$
$$= \mathbf{2(x-2)^2 + 7}$$

(4) $y = -x^2 - 6x + 1$
$$= -(x^2 + 6x) + 1$$
$$= -(x^2 + 6x + 3^2 - 3^2) + 1$$
$$= -\{(x+3)^2 - 9\} + 1$$
$$= -(x+3)^2 + 9 + 1$$
$$= \mathbf{-(x+3)^2 + 10}$$

(5) $y = 2x^2 + 12x + 10$
$$= 2(x^2 + 6x) + 10$$
$$= 2(x^2 + 6x + 3^2 - 3^2) + 10$$
$$= 2\{(x+3)^2 - 9\} + 10$$
$$= 2(x+3)^2 - 18 + 10$$
$$= \mathbf{2(x+3)^2 - 8}$$

(6) $y = -x^2 - 8x - 6$
$$= -(x^2 + 8x) - 6$$
$$= -(x^2 + 8x + 4^2 - 4^2) - 6$$
$$= -\{(x+4)^2 - 16\} - 6$$
$$= -(x+4)^2 + 16 - 6$$
$$= \mathbf{-(x+4)^2 + 10}$$

② (1) $y = 2x^2 - 12x + 5$
$$= 2(x^2 - 6x) + 5$$
$$= 2(x^2 - 6x + 3^2 - 3^2) + 5$$

$$= 2\{(x-3)^2 - 9\} + 5$$
$$= 2(x-3)^2 - 18 + 5$$
$$= \mathbf{2(x-3)^2 - 13}$$

(2) $y = 2x^2 + 8x - 9$
$$= 2(x^2 + 4x) - 9$$
$$= 2(x^2 + 4x + 2^2 - 2^2) - 9$$
$$= 2\{(x+2)^2 - 4\} - 9$$
$$= 2(x+2)^2 - 8 - 9$$
$$= \mathbf{2(x+2)^2 - 17}$$

(3) $y = -x^2 + 4x + 3$
$$= -(x^2 - 4x) + 3$$
$$= -(x^2 - 4x + 2^2 - 2^2) + 3$$
$$= -\{(x-2)^2 - 4\} + 3$$
$$= -(x-2)^2 + 4 + 3$$
$$= \mathbf{-(x-2)^2 + 7}$$

(4) $y = -x^2 + 2x + 9$
$$= -(x^2 - 2x) + 9$$
$$= -(x^2 - 2x + 1^2 - 1^2) + 9$$
$$= -\{(x-1)^2 - 1\} + 9$$
$$= -(x-1)^2 + 1 + 9$$
$$= \mathbf{-(x-1)^2 + 10}$$

(5) $y = -2x^2 + 16x - 5$
$$= -2(x^2 - 8x) - 5$$
$$= -2(x^2 - 8x + 4^2 - 4^2) - 5$$
$$= -2\{(x-4)^2 - 16\} - 5$$
$$= -2(x-4)^2 + 32 - 5$$
$$= \mathbf{-2(x-4)^2 + 27}$$

(6) $y = -2x^2 + 8x$
$$= -2(x^2 - 4x)$$
$$= -2(x^2 - 4x + 2^2 - 2^2)$$
$$= -2\{(x-2)^2 - 4\}$$
$$= \mathbf{-2(x-2)^2 + 8}$$

㉙ $y = ax^2 + bx + c$ のグラフ⑵　　p.70

問 18 (1) $y = 2x^2 + 4x + 1$
$$= 2(x^2 + 2x) + 1$$
$$= 2(x^2 + 2x + 1^2 - 1^2) + 1$$
$$= 2\{(x+1)^2 - 1\} + 1$$
$$= 2(x+1)^2 - 2 + 1$$
$$= 2(x+1)^2 - 1$$

よって，頂点は　点 $\mathbf{(-1, -1)}$

軸は　直線 $x = -1$

グラフは次の図のようになる。

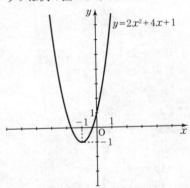

(2)　$y = -x^2 + 6x - 2$

$= -(x^2 - 6x) - 2$

$= -(x^2 - 6x + 3^2 - 3^2) - 2$

$= -\{(x - 3)^2 - 9\} - 2$

$= -(x - 3)^2 + 9 - 2$

$= -(x - 3)^2 + 7$

よって，頂点は　点 $(3,\ 7)$

　　　　軸は　直線 $x = 3$

グラフは次の図のようになる。

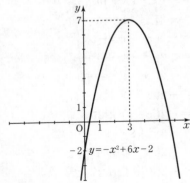

プラス問題10

(1)　$y = 2x^2 + 4x + 3$

$= 2(x^2 + 2x) + 3$

$= 2(x^2 + 2x + 1^2 - 1^2) + 3$

$= 2\{(x + 1)^2 - 1\} + 3$

$= 2(x + 1)^2 - 2 + 3$

$= 2(x + 1)^2 + 1$

よって，頂点は　点 $(-1,\ 1)$

　　　　軸は　直線 $x = -1$

グラフは次の図のようになる。

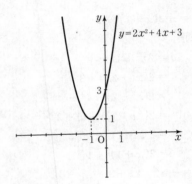

(2)　$y = 2x^2 - 4x - 3$

$= 2(x^2 - 2x) - 3$

$= 2(x^2 - 2x + 1^2 - 1^2) - 3$

$= 2\{(x - 1)^2 - 1\} - 3$

$= 2(x - 1)^2 - 2 - 3$

$= 2(x - 1)^2 - 5$

よって，頂点は　点 $(1,\ -5)$

　　　　軸は　直線 $x = 1$

グラフは次の図のようになる。

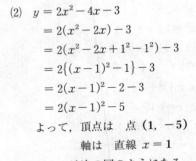

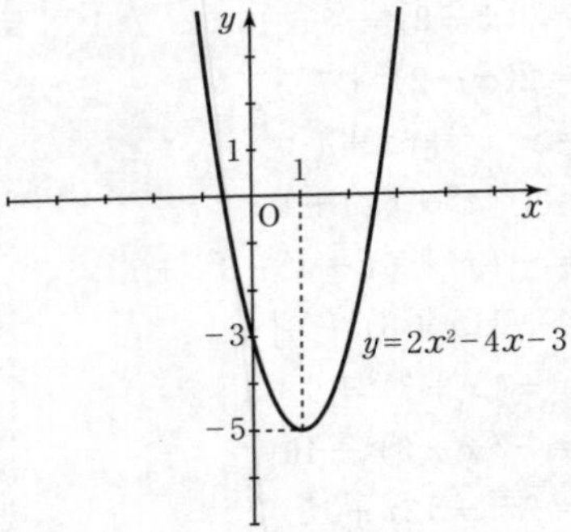

(3)　$y = -x^2 + 6x - 5$

$= -(x^2 - 6x) - 5$

$= -(x^2 - 6x + 3^2 - 3^2) - 5$

$= -\{(x - 3)^2 - 9\} - 5$

$= -(x - 3)^2 + 9 - 5$

$= -(x - 3)^2 + 4$

よって，頂点は　点 $(3,\ 4)$

　　　　軸は　直線 $x = 3$

グラフは次の図のようになる。

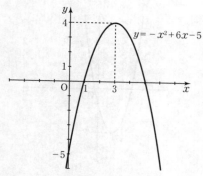

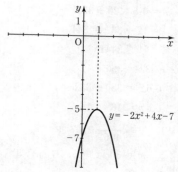

(4) $y = -x^2 - 2x - 2$

$\quad = -(x^2 + 2x) - 2$

$\quad = -(x^2 + 2x + 1^2 - 1^2) - 2$

$\quad = -\{(x+1)^2 - 1\} - 2$

$\quad = -(x+1)^2 + 1 - 2$

$\quad = -(x+1)^2 - 1$

よって，頂点は 点 $(-1, -1)$

$\qquad$ 軸は 直線 $x = -1$

グラフは次の図のようになる。

(6) $y = -2x^2 - 8x - 5$

$\quad = -2(x^2 + 4x) - 5$

$\quad = -2(x^2 + 4x + 2^2 - 2^2) - 5$

$\quad = -2\{(x+2)^2 - 4\} - 5$

$\quad = -2(x+2)^2 + 8 - 5$

$\quad = -2(x+2)^2 + 3$

よって，頂点は 点 $(-2, 3)$

$\qquad$ 軸は 直線 $x = -2$

グラフは次の図のようになる。

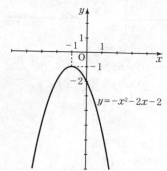

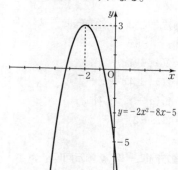

(5) $y = -2x^2 + 4x - 7$

$\quad = -2(x^2 - 2x) - 7$

$\quad = -2(x^2 - 2x + 1^2 - 1^2) - 7$

$\quad = -2\{(x-1)^2 - 1\} - 7$

$\quad = -2(x-1)^2 + 2 - 7$

$\quad = -2(x-1)^2 - 5$

よって，頂点は 点 $(1, -5)$

$\qquad$ 軸は 直線 $x = 1$

グラフは次の図のようになる。

Exercise $\qquad$ p.73

1

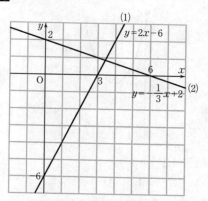

2 (1) $y = 0.6 \times 20 + 332$
$= 12 + 332 = 344$

よって　秒速 **344 m**

(2) $0.6x + 332 = 350$

$0.6x = 350 - 332$

$0.6x = 18$

$x = \dfrac{18}{0.6}$

$x = 30$

よって　**30℃**

3 (1) x 軸方向に **4**

(2) x 軸方向に -3, y 軸方向に **3**

(3) $y = 2x^2 - 8x + 6$

$= 2(x^2 - 4x) + 6$

$= 2(x^2 - 4x + 2^2 - 2^2) + 6$

$= 2\{(x - 2)^2 - 4\} + 6$

$= 2(x - 2)^2 - 8 + 6$

$= 2(x - 2)^2 - 2$

よって

x 軸方向に **2**, y 軸方向に -2

(4) $y = 2x^2 + 8x$

$= 2(x^2 + 4x)$

$= 2(x^2 + 4x + 2^2 - 2^2)$

$= 2\{(x + 2)^2 - 4\}$

$= 2(x + 2)^2 - 8$

よって

x 軸方向に -2, y 軸方向に -8

4 (1) $y = (x - 2)^2 + 3$

頂点は　点 **(2, 3)**

軸は　直線 $x = 2$

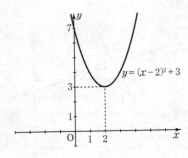

(2) $y = 2(x + 1)^2 - 3$

頂点は　点 $(-1, -3)$

軸は　直線 $x = -1$

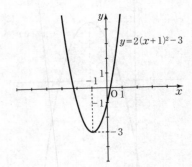

(3) $y = \dfrac{1}{2}(x - 3)^2$

頂点は　点 **(3, 0)**

軸は　直線 $x = 3$

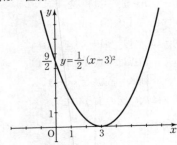

(4) $y = -x^2 + 6x - 4$

$= -(x^2 - 6x) - 4$

$= -(x^2 - 6x + 3^2 - 3^2) - 4$

$= -\{(x - 3)^2 - 9\} - 4$

$= -(x - 3)^2 + 9 - 4$

$= -(x - 3)^2 + 5$

頂点の座標は **(3, 5)**

軸は　直線 $x = 3$

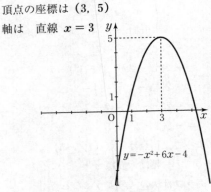

(5) $y = 2x^2 - 12x + 15$

$= 2(x^2 - 6x) + 15$

$= 2(x^2 - 6x + 3^2 - 3^2) + 15$

$= 2\{(x - 3)^2 - 9\} + 15$

$= 2(x - 3)^2 - 18 + 15$

$\qquad = 2(x-3)^2 - 3$

頂点は　点 $(3, -3)$

軸は　直線 $x = 3$

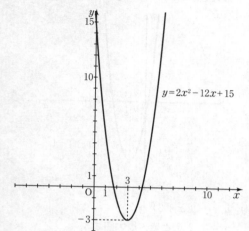

$y = 2x^2 - 12x + 15$

(6)　$y = -x^2 + 3x$

$\qquad = -(x^2 - 3x)$

$\qquad = -\left\{ x^2 - 3x + \left(\dfrac{3}{2}\right)^2 - \left(\dfrac{3}{2}\right)^2 \right\}$

$\qquad = -\left\{ \left(x - \dfrac{3}{2}\right)^2 - \dfrac{9}{4} \right\}$

$\qquad = -\left(x - \dfrac{3}{2}\right)^2 + \dfrac{9}{4}$

頂点は　点 $\left(\dfrac{3}{2}, \dfrac{9}{4}\right)$

軸は　直線 $x = \dfrac{3}{2}$

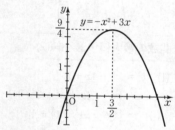

$y = -x^2 + 3x$

考　図から，頂点は　点 $(2, -5)$

$\qquad\qquad$ 軸は　直線 $x = 2$

よって　$y = a(x-2)^2 - 5$ ……①

また，点 $(0, 3)$ を通るので

①に $x = 0$, $y = 3$ を代入すると

$\qquad 3 = a(0-2)^2 - 5$

$\qquad 4a = 8$

$\qquad a = 2$

よって，$y = 2(x-2)^2 - 5$

問 1　(1)　$y = (x-3)^2 + 1$

$\qquad$ $x = 3$ のとき，最小値は 1

$\qquad$ 最大値はない

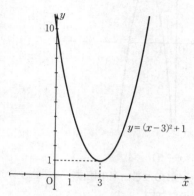

$y = (x-3)^2 + 1$

(2)　$y = -(x+1)^2 + 3$

$\qquad$ $x = -1$ のとき，最大値は 3

$\qquad$ 最小値はない

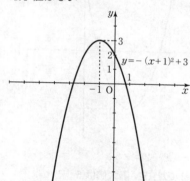

$y = -(x+1)^2 + 3$

(3)　$y = 2(x+4)^2 - 5$

$\qquad$ $x = -4$ のとき，最小値は -5

$\qquad$ 最大値はない

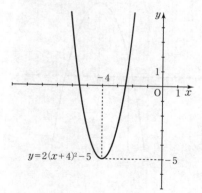

$y = 2(x+4)^2 - 5$

43

(4)　$y = -3(x-2)^2 + 4$

　　$x = 2$ のとき，最大値は 4

　　最小値はない

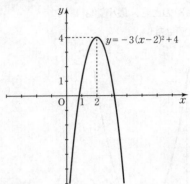

練習問題

① (1)　$y = (x+3)^2 - 4$

　　$x = -3$ のとき，最小値は -4

　　最大値はない

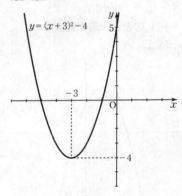

(2)　$y = -(x-2)^2 + 5$

　　$x = 2$ のとき，最大値は 5

　　最小値はない

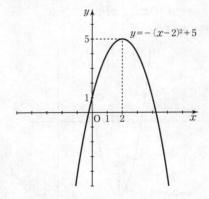

(3)　$y = 3(x-1)^2 - 4$

　　$x = 1$ のとき，最小値は -4

　　最大値はない

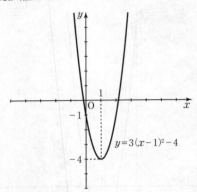

(4)　$y = -2(x+2)^2 + 3$

　　$x = -2$ のとき，最大値は 3

　　最小値はない

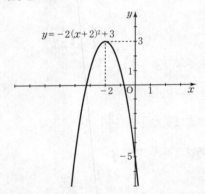

㉛ 2 次関数の最大値・最小値(2)　　p.78

問2　(1)　$y = x^2 + 4x + 1$

　　　　　$= (x^2 + 4x + 2^2 - 2^2) + 1$

　　　　　$= \{(x+2)^2 - 4\} + 1$

　　　　　$= (x+2)^2 - 4 + 1$

　　　　　$= (x+2)^2 - 3$

　　$x = -2$ のとき，最小値は -3

　　最大値はない

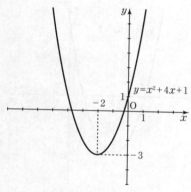

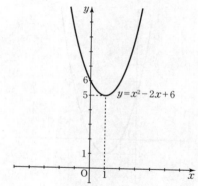

(2) $y = -x^2 + 2x + 1$

$\quad = -(x^2 - 2x) + 1$

$\quad = -(x^2 - 2x + 1^2 - 1^2) + 1$

$\quad = -\{(x-1)^2 - 1\} + 1$

$\quad = -(x-1)^2 + 1 + 1$

$\quad = -(x-1)^2 + 2$

$\boldsymbol{x = 1}$ **のとき，最大値は 2**

最小値はない

(4) $y = -x^2 - 6x + 12$

$\quad = -(x^2 + 6x) + 12$

$\quad = -(x^2 + 6x + 3^2 - 3^2) + 12$

$\quad = -\{(x+3)^2 - 9\} + 12$

$\quad = -(x+3)^2 + 9 + 12$

$\quad = -(x+3)^2 + 21$

$\boldsymbol{x = -3}$ **のとき，最大値は 21**

最小値はない

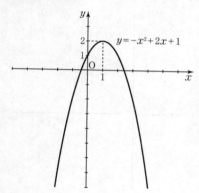

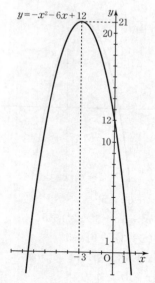

(3) $y = x^2 - 2x + 6$

$\quad = (x^2 - 2x + 1^2 - 1^2) + 6$

$\quad = \{(x-1)^2 - 1\} + 6$

$\quad = (x-1)^2 - 1 + 6$

$\quad = (x-1)^2 + 5$

$\boldsymbol{x = 1}$ **のとき，最小値は 5**

最大値はない

練習問題

① (1) $y = x^2 - 4x + 3$

$\quad = (x^2 - 4x + 2^2 - 2^2) + 3$

$\quad = \{(x-2)^2 - 4\} + 3$

$\quad = (x-2)^2 - 4 + 3$

$\quad = (x-2)^2 - 1$

$\boldsymbol{x = 2}$ **のとき，最小値は -1**

最大値はない

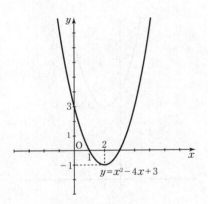

$y = x^2 - 4x + 3$

(2) $y = -x^2 - 2x + 5$

$\quad = -(x^2 + 2x) + 5$

$\quad = -(x^2 + 2x + 1^2 - 1^2) + 5$

$\quad = -\{(x+1)^2 - 1\} + 5$

$\quad = -(x+1)^2 + 1 + 5$

$\quad = -(x+1)^2 + 6$

$x = -1$ のとき，最大値は 6

最小値はない

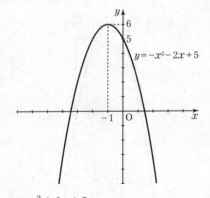

$y = -x^2 - 2x + 5$

(3) $y = x^2 + 6x + 5$

$\quad = (x^2 + 6x + 3^2 - 3^2) + 5$

$\quad = \{(x+3)^2 - 9\} + 5$

$\quad = (x+3)^2 - 9 + 5$

$\quad = (x+3)^2 - 4$

$x = -3$ のとき，最小値は -4

最大値はない

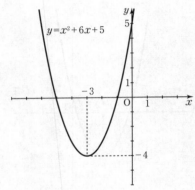

$y = x^2 + 6x + 5$

(4) $y = -x^2 + 4x + 1$

$\quad = -(x^2 - 4x) + 1$

$\quad = -(x^2 - 4x + 2^2 - 2^2) + 1$

$\quad = -\{(x-2)^2 - 4\} + 1$

$\quad = -(x-2)^2 + 4 + 1$

$\quad = -(x-2)^2 + 5$

$x = 2$ のとき，最大値は 5

最小値はない

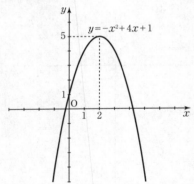

$y = -x^2 + 4x + 1$

㉜ 2次関数の最大値・最小値(3)　　p.80

問 3　$y = x^2 + 4x - 2$

$\qquad = (x+2)^2 - 6$

と変形できる。

(1)　$x = -3$ のとき，$y = -5$

$\quad x = 0$ のとき，$y = -2$

　この関数のグラフは，次の図の実線部分である。

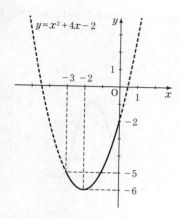

グラフから

$x = 0$ のとき，最大値は -2

$x = -2$ のとき，最小値は -6

(2)　$x = -1$ のとき，$y = -5$

$x = 1$ のとき，$y = 3$

　この関数のグラフは，次の図の実線部分である。

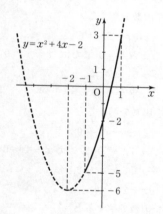

グラフから

$x = 1$ のとき，最大値は 3

$x = -1$ のとき，最小値は -5

練習問題

① 　$y = x^2 + 2x - 2$

　　$= (x+1)^2 - 3$

と変形できる。

(1)　$x = -2$ のとき，$y = -2$

$x = 1$ のとき，$y = 1$

　この関数のグラフは，次の図の実線部分である。

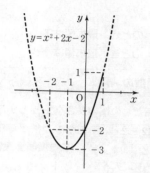

グラフから

$x = 1$ のとき，最大値は 1

$x = -1$ のとき，最小値は -3

(2)　$x = -3$ のとき，$y = 1$

$x = 0$ のとき，$y = -2$

　この関数のグラフは，次の図の実線部分である。

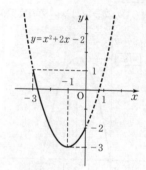

グラフから

$x = -3$ のとき，最大値は 1

$x = -1$ のとき，最小値は -3

(3)　$x = 0$ のとき，$y = -2$

$x = 1$ のとき，$y = 1$

　この関数のグラフは，次の図の実線部分である。

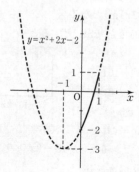

グラフから

$x = 1$ のとき, 最大値は 1

$x = 0$ のとき, 最小値は -2

㉝ 2次関数の利用　p.82

問4　花だんの縦の長さを xm とすると, 横の長さは ($\boxed{12-2x}$)m となる。花だんの面積を y m^2 とすると

$$y = \boxed{x(12-2x)}$$
$$= \boxed{-2x^2 + 12x}$$
$$= \boxed{-2(x^2 - 6x)}$$
$$= \boxed{-2\{(x-3)^2 - 9\}}$$
$$= \boxed{-2(x-3)^2 + 18} \quad \cdots\cdots①$$

ここで, $x > 0$ かつ $\boxed{12-2x} > 0$ だから, 定義域は

$$\boxed{0 < x < 6} \quad \cdots\cdots②$$

②の範囲で, ①のグラフは次の図の実線部分である。

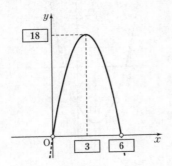

グラフから, ①は $x = \boxed{3}$ のとき最大値は $\boxed{18}$ である。

したがって, 求める縦の長さは $\boxed{3}$ m

そのときの面積は $\boxed{18}$ m^2 である。

練習問題

①　花だんの縦の長さを xm とすると, 横の長さは ($16-2x$)m となる。

花だんの面積を ym^2 とすると

$$y = x(16-2x)$$
$$= -2x^2 + 16x$$
$$= -2(x^2 - 8x)$$
$$= -2\{(x-4)^2 - 16\}$$
$$= -2(x-4)^2 + 32 \quad \cdots①$$

ここで, $x > 0$ かつ $16-2x > 0$ だから, 定義域は $0 < x < 8$ $\cdots②$

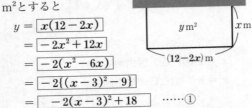

②の範囲で, ①のグラフは次の図の実線部分である。

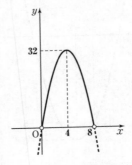

グラフから, ①は $x = 4$ のとき最大となり, 最大値は 32 である。

したがって, 求める縦の長さは 4 m

そのときの面積は 32 m^2 である。

㉞ 2次方程式　p.84

問5　(1)　$x^2 + x - 6 = 0$

左辺を因数分解すると

$$(x-2)(x+3) = 0$$

よって $x - 2 = 0$ または $x + 3 = 0$

したがって　$x = 2, -3$

(2)　$x^2 - 2x - 8 = 0$

左辺を因数分解すると

$$(x+2)(x-4) = 0$$

よって $x + 2 = 0$ または $x - 4 = 0$

したがって　$x = -2, 4$

(3)　$x^2 - 10x + 25 = 0$

左辺を因数分解すると

$$(x-5)^2 = 0$$

よって $x - 5 = 0$

したがって　$x = 5$

(4)　$x^2 - 2x = 0$

左辺を因数分解すると

$$x(x-2) = 0$$

よって $x = 0$ または $x - 2 = 0$

したがって　$x = 0, 2$

問6　(1)　$x^2 + 5x + 3 = 0$

解の公式で, $a = 1$, $b = 5$, $c = 3$ として

$$x = \frac{-5 \pm \sqrt{5^2 - 4 \times 1 \times 3}}{2 \times 1} = \frac{-5 \pm \sqrt{13}}{2}$$

(2) $2x^2+x-2=0$

解の公式で，$a=2,\ b=1,\ c=-2$ として

$$x=\dfrac{-1\pm\sqrt{1^2-4\times2\times(-2)}}{2\times2}=\dfrac{-1\pm\sqrt{17}}{4}$$

(3) $3x^2-3x-2=0$

解の公式で，$a=3,\ b=-3,\ c=-2$ として

$$x=\dfrac{-(-3)\pm\sqrt{(-3)^2-4\times3\times(-2)}}{2\times3}$$
$$=\dfrac{3\pm\sqrt{33}}{6}$$

(4) $x^2-6x+4=0$

解の公式で，$a=1,\ b=-6,\ c=4$ として

$$x=\dfrac{-(-6)\pm\sqrt{(-6)^2-4\times1\times4}}{2\times1}=\dfrac{6\pm\sqrt{20}}{2}$$
$$=\dfrac{6\pm2\sqrt{5}}{2}=3\pm\sqrt{5}$$

練習問題

① (1) $x^2+x-12=0$

左辺を因数分解すると

$$(x-3)(x+4)=0$$

よって $x-3=0$ または $x+4=0$

したがって $x=3,\ -4$

(2) $x^2-3x-10=0$

左辺を因数分解すると

$$(x+2)(x-5)=0$$

よって $x+2=0$ または $x-5=0$

したがって $x=-2,\ 5$

(3) $x^2-8x+16=0$

左辺を因数分解すると

$$(x-4)^2=0$$

よって $x-4=0$

したがって $x=4$

(4) $x^2+2x=0$

左辺を因数分解すると

$$x(x+2)=0$$

よって $x=0$ または $x+2=0$

したがって $x=0,\ -2$

② (1) $x^2+3x+1=0$

解の公式で，$a=1,\ b=3,\ c=1$ として

$$x=\dfrac{-3\pm\sqrt{3^2-4\times1\times1}}{2\times1}=\dfrac{-3\pm\sqrt{5}}{2}$$

(2) $2x^2+3x-1=0$

解の公式で，$a=2,\ b=3,\ c=-1$ として

$$x=\dfrac{-3\pm\sqrt{3^2-4\times2\times(-1)}}{2\times2}=\dfrac{-3\pm\sqrt{17}}{4}$$

(3) $3x^2+5x+1=0$

解の公式で，$a=3,\ b=5,\ c=1$ として

$$x=\dfrac{-5\pm\sqrt{5^2-4\times3\times1}}{2\times3}=\dfrac{-5\pm\sqrt{13}}{6}$$

(4) $x^2+6x+3=0$

解の公式で，$a=1,\ b=6,\ c=3$ として

$$x=\dfrac{-6\pm\sqrt{6^2-4\times1\times3}}{2\times1}=\dfrac{-6\pm\sqrt{24}}{2}$$
$$=\dfrac{-6\pm2\sqrt{6}}{2}$$
$$=-3\pm\sqrt{6}$$

㉟ 2次関数のグラフと x 軸との共有点
p.86

問 7 (1) 2次方程式 $x^2-3x+2=0$ を解くと

$(x-1)(x-2)=0$ から

$$x=1,\ 2$$

(2) 2次方程式 $x^2+5x=0$ を解くと

$x(x+5)=0$ から

$$x=0,\ -5$$

(3) 2次方程式 $x^2+3x-5=0$ を解くと

$$x=\dfrac{-3\pm\sqrt{3^2-4\times1\times(-5)}}{2\times1}=\dfrac{-3\pm\sqrt{29}}{2}$$

(4) 2次方程式 $x^2-5x+1=0$ を解くと

$$x=\dfrac{-(-5)\pm\sqrt{(-5)^2-4\times1\times1}}{2\times1}=\dfrac{5\pm\sqrt{21}}{2}$$

問 8 (1) 2次方程式 $x^2-4x+4=0$ を解くと

$(x-2)^2=0$ から

$$x=2$$

(2) 2次方程式 $x^2+8x+16=0$ を解くと

$(x+4)^2=0$ から

$$x=-4$$

問 9 (1) 2次方程式 $x^2+4x+5=0$ を解くと

$$x=\dfrac{-4\pm\sqrt{4^2-4\times1\times5}}{2\times1}=\dfrac{-4\pm\sqrt{-4}}{2}$$

となり，$\sqrt{}$ の中が負の数になるので解はない。

このとき，$y=x^2+4x+5=(x+2)^2+1$

から，グラフは次の図のようになり，グラフと x 軸との共有点はない。

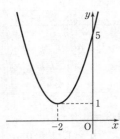

(2) 2次方程式 $x^2 - 6x + 11 = 0$ を解くと

$$x = \frac{-(-6) \pm \sqrt{(-6)^2 - 4 \times 1 \times 11}}{2}$$

$$= \frac{6 \pm \sqrt{-8}}{2}$$

となり，$\sqrt{}$ の中が負の数になるので解はない。

このとき，$y = x^2 - 6x + 11 = (x - 3)^2 + 2$ から，グラフは次の図のようになり，グラフと x 軸との共有点はない。

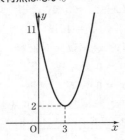

練習問題

① (1) 2次方程式 $x^2 - 6x + 8 = 0$ を解くと $(x - 2)(x - 4) = 0$ から

$$x = 2, \ 4$$

(2) 2次方程式 $x^2 - 2x = 0$ を解くと $x(x - 2) = 0$ から

$$x = 0, \ 2$$

(3) 2次方程式 $x^2 - 3x - 1 = 0$ を解くと

$$x = \frac{-(-3) \pm \sqrt{(-3)^2 - 4 \times 1 \times (-1)}}{2 \times 1} = \frac{3 \pm \sqrt{13}}{2}$$

(4) 2次方程式 $x^2 + 5x + 2 = 0$ を解くと

$$x = \frac{-5 \pm \sqrt{5^2 - 4 \times 1 \times 2}}{2 \times 1} = \frac{-5 \pm \sqrt{17}}{2}$$

② (1) 2次方程式 $x^2 - 2x + 1 = 0$ を解くと $(x - 1)^2 = 0$ から

$$x = 1$$

(2) 2次方程式 $x^2 + 10x + 25 = 0$ を解くと $(x + 5)^2 = 0$ から

$$x = -5$$

③ (1) 2次方程式 $x^2 + 4x + 9 = 0$ を解くと

$$x = \frac{-4 \pm \sqrt{4^2 - 4 \times 1 \times 9}}{2 \times 1} = \frac{-4 \pm \sqrt{-20}}{2}$$

となり，$\sqrt{}$ の中が負の数になるので解はない。

このとき，$y = x^2 + 4x + 9 = (x + 2)^2 + 5$ から，グラフは次の図のようになり，グラフと x 軸との共有点はない。

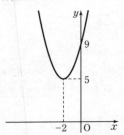

(2) 2次方程式 $x^2 + 2x + 5 = 0$ を解くと

$$x = \frac{-2 \pm \sqrt{2^2 - 4 \times 1 \times 5}}{2 \times 1} = \frac{-2 \pm \sqrt{-16}}{2}$$

となり，$\sqrt{}$ の中が負の数になるので解はない。

このとき，$y = x^2 + 2x + 5 = (x + 1)^2 + 4$ から，グラフは次の図のようになり，グラフと x 軸との共有点はない。

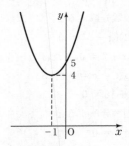

㊱ 2次関数のグラフと2次不等式(1)　p.88

問 10 (1) 2次方程式 $x^2 + 5x - 6 = 0$ の解は $(x + 6)(x - 1) = 0$ から

$$x = -6, \ 1$$

よって，求める不等式の解は

$$x < -6, \ 1 < x$$

(2) 2次方程式 $x^2 - 8x + 12 = 0$ の解は $(x - 2)(x - 6) = 0$ から

$$x = 2, \ 6$$

よって，求める不等式の解は

$$2 < x < 6$$

(3) 2次方程式 $x^2 - 2x - 8 = 0$ の解は

$(x+2)(x-4)=0$ から
$$x=-2,\ 4$$
よって，求める不等式の解は
$$x<-2,\ 4<x$$

(4) 2次方程式 $x^2+3x-10=0$ の解は
$(x+5)(x-2)=0$ から
$$x=-5,\ 2$$
よって，求める不等式の解は
$$-5<x<2$$

(5) 2次方程式 $x^2-6x+5=0$ の解は
$(x-1)(x-5)=0$ から
$$x=1,\ 5$$
よって，求める不等式の解は
$$x<1,\ 5<x$$

(6) 2次方程式 $x^2+6x+8=0$ の解は
$(x+4)(x+2)=0$ から
$$x=-4,\ -2$$
よって，求める不等式の解は
$$-4<x<-2$$

練習問題

① (1) 2次方程式 $x^2+3x-4=0$ の解は
$(x+4)(x-1)=0$ から
$$x=-4,\ 1$$
よって，求める不等式の解は
$$x<-4,\ 1<x$$

(2) 2次方程式 $x^2-6x+8=0$ の解は
$(x-2)(x-4)=0$ から
$$x=2,\ 4$$
よって，求める不等式の解は
$$2<x<4$$

(3) 2次方程式 $x^2-4x-12=0$ の解は
$(x+2)(x-6)=0$ から
$$x=-2,\ 6$$
よって，求める不等式の解は
$$x<-2,\ 6<x$$

(4) 2次方程式 $x^2+4x-21=0$ の解は
$(x+7)(x-3)=0$ から
$$x=-7,\ 3$$
よって，求める不等式の解は
$$-7<x<3$$

(5) 2次方程式 $x^2-8x+7=0$ の解は

$(x-1)(x-7)=0$ から
$$x=1,\ 7$$
よって，求める不等式の解は
$$x<1,\ 7<x$$

(6) 2次方程式 $x^2+12x+35=0$ の解は
$(x+7)(x+5)=0$ から
$$x=-7,\ -5$$
よって，求める不等式の解は
$$-7<x<-5$$

㊲ 2次関数のグラフと2次不等式(2) p.90

問 11 (1) 2次方程式 $x^2+3x+1=0$ を解の
公式で解くと
$$x=\frac{-3\pm\sqrt{9-4}}{2}=\frac{-3\pm\sqrt{5}}{2}$$
よって，求める不等式の解は
$$x<\frac{-3-\sqrt{5}}{2},\ \frac{-3+\sqrt{5}}{2}<x$$

(2) 2次方程式 $x^2-5x-2=0$ を解の公式で解
くと
$$x=\frac{5\pm\sqrt{25+8}}{2}=\frac{5\pm\sqrt{33}}{2}$$
よって，求める不等式の解は
$$\frac{5-\sqrt{33}}{2}<x<\frac{5+\sqrt{33}}{2}$$

(3) 2次方程式 $x^2+3x-5=0$ を解の公式で解
くと
$$x=\frac{-3\pm\sqrt{9+20}}{2}=\frac{-3\pm\sqrt{29}}{2}$$
よって，求める不等式の解は
$$x\leqq\frac{-3-\sqrt{29}}{2},\ \frac{-3+\sqrt{29}}{2}\leqq x$$

(4) 2次方程式 $x^2-x-4=0$ を解の公式で解
くと
$$x=\frac{1\pm\sqrt{1+16}}{2}=\frac{1\pm\sqrt{17}}{2}$$
よって，求める不等式の解は
$$\frac{1-\sqrt{17}}{2}\leqq x\leqq\frac{1+\sqrt{17}}{2}$$

問 12 (1) 両辺に -1 をかけて
$x^2-3x-10<0$ とする。
2次方程式 $x^2-3x-10=0$ の解は
$(x+2)(x-5)=0$ から $x=-2,\ 5$
よって，求める不等式の解は
$$-2<x<5$$

(2) 両辺に -1 をかけて $x^2 - 7x + 12 \geqq 0$ と
する。

　2次方程式 $x^2 - 7x + 12 = 0$ の解は

$(x-3)(x-4) = 0$ から　$x = 3, 4$

　よって，求める不等式の解は

$$x \leqq 3, \ 4 \leqq x$$

練習問題

① (1)　2次方程式 $x^2 + 3x - 1 = 0$ を解の公式
で解くと

$$x = \frac{-3 \pm \sqrt{9+4}}{2} = \frac{-3 \pm \sqrt{13}}{2}$$

　よって，求める不等式の解は

$$x < \frac{-3-\sqrt{13}}{2}, \ \frac{-3+\sqrt{13}}{2} < x$$

(2)　2次方程式 $x^2 + 5x - 3 = 0$ を解の公式で解
くと

$$x = \frac{-5 \pm \sqrt{25+12}}{2} = \frac{-5 \pm \sqrt{37}}{2}$$

　よって，求める不等式の解は

$$\frac{-5-\sqrt{37}}{2} < x < \frac{-5+\sqrt{37}}{2}$$

(3)　2次方程式 $x^2 + 3x - 3 = 0$ を解の公式で解
くと

$$x = \frac{-3 \pm \sqrt{9+12}}{2} = \frac{-3 \pm \sqrt{21}}{2}$$

　よって，求める不等式の解は

$$x \leqq \frac{-3-\sqrt{21}}{2}, \ \frac{-3+\sqrt{21}}{2} \leqq x$$

(4)　2次方程式 $x^2 + x - 3 = 0$ を解の公式で解
くと

$$x = \frac{-1 \pm \sqrt{1+12}}{2} = \frac{-1 \pm \sqrt{13}}{2}$$

　よって，求める不等式の解は

$$\frac{-1-\sqrt{13}}{2} \leqq x \leqq \frac{-1+\sqrt{13}}{2}$$

② (1)　両辺に -1 をかけて
$x^2 + 5x - 14 < 0$ とする。

　2次方程式 $x^2 + 5x - 14 = 0$ の解は

$(x+7)(x-2) = 0$ から

$$x = -7, \ 2$$

　よって，求める不等式の解は

$$-7 < x < 2$$

(2)　両辺に -1 をかけて $x^2 - 7x - 8 \geqq 0$ とす
る。2次方程式 $x^2 - 7x - 8 = 0$ の解は

$(x+1)(x-8) = 0$ から

$$x = -1, \ 8$$

よって，求める不等式の解は

$$x \leqq -1, \ 8 \leqq x$$

㊳ 2次関数のグラフと2次不等式(3)　p.92

問 13 (1)　2次方程式 $x^2 - 6x + 9 = 0$ を解く
と　$(x-3)^2 = 0$ から $x = 3$

　よって，$y = x^2 - 6x + 9$ のグラフは次の図
のように，点 $(3, 0)$ で x 軸に接している。

　したがって，グラフから $x^2 - 6x + 9 > 0$ の
解は　$x = 3$ を除くすべての実数。

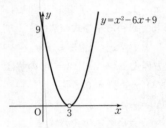

(2)　2次方程式 $x^2 + 8x + 16 = 0$ を解くと

$(x+4)^2 = 0$ から $x = -4$

　よって，$y = x^2 + 8x + 16$ のグラフは次の図
のように，点 $(-4, 0)$ で x 軸に接している。

　したがって，グラフから $x^2 + 8x + 16 < 0$
の解はない。

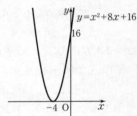

問 14 (1)　2次方程式 $x^2 - 4x + 7 = 0$ を解の
公式で解くと

$$x = \frac{4 \pm \sqrt{16-28}}{2} = \frac{4 \pm \sqrt{-12}}{2}$$

となり，$\sqrt{}$ の中が負の数になるので解はない。

　このとき，$y = x^2 - 4x + 7 = (x-2)^2 + 3$
から，グラフは次の図のようになり，どんな x
の値に対しても $y > 0$ である。

　よって，$x^2 - 4x + 7 > 0$ の解はすべての実
数。

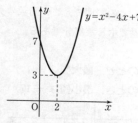

(2) 2次方程式 $x^2 + 6x + 10 = 0$ を解の公式で解くと

$$x = \frac{-6 \pm \sqrt{36 - 40}}{2} = \frac{-6 \pm \sqrt{-4}}{2}$$

となり，$\sqrt{}$ の中が負の数になるので解はない。

このとき，$y = x^2 + 6x + 10 = (x+3)^2 + 1$ から，グラフは次の図のようになり，どんな x の値に対しても $y > 0$ である。

よって，$x^2 + 6x + 10 < 0$ の**解はない**。

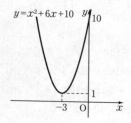

練習問題

① (1) 2次方程式 $x^2 + 10x + 25 = 0$ を解くと $(x+5)^2 = 0$ から $x = -5$

よって，$y = x^2 + 10x + 25$ のグラフは次の図のように，点 $(-5, 0)$ で x 軸に接している。

したがって，グラフから $x^2 + 10x + 25 > 0$ の解は，$x = -5$ **を除くすべての実数**。

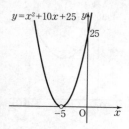

(2) 2次方程式 $x^2 - 12x + 36 = 0$ を解くと $(x-6)^2 = 0$ から $x = 6$

よって，$y = x^2 - 12x + 36$ のグラフは次の図のように，点 $(6, 0)$ で x 軸に接している。

したがって，グラフから $x^2 - 12x + 36 < 0$ の**解はない**。

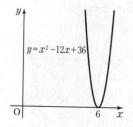

② (1) 2次方程式 $x^2 + 2x + 2 = 0$ を解の公式で解くと

$$x = \frac{-2 \pm \sqrt{4 - 8}}{2} = \frac{-2 \pm \sqrt{-4}}{2}$$

となり，$\sqrt{}$ の中が負の数になるので解はない。

このとき，$y = x^2 + 2x + 2 = (x+1)^2 + 1$ から，グラフは次の図のようになり，どんな x の値に対しても $y > 0$ である。

よって，$x^2 + 2x + 2 > 0$ の解は**すべての実数**。

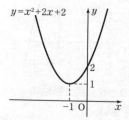

(2) 2次方程式 $x^2 - 4x + 6 = 0$ を解の公式で解くと

$$x = \frac{4 \pm \sqrt{16 - 24}}{2} = \frac{4 \pm \sqrt{-8}}{2}$$

となり，$\sqrt{}$ の中が負の数になるので解はない。

このとき，$y = x^2 - 4x + 6 = (x-2)^2 + 2$ から，グラフは次の図のようになり，どんな x の値に対しても $y > 0$ である。

よって，$x^2 - 4x + 6 < 0$ の**解はない**。

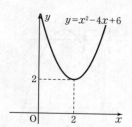

53

1 (1)　$y = x^2 + 6x - 1$
　　　　$= (x+3)^2 - 10$

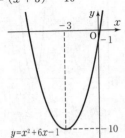

$x = -3$ のとき，最小値は -10
最大値はない

(2)　$y = -x^2 + 8x - 11$
　　　$= -(x^2 - 8x) - 11$
　　　$= -(x-4)^2 + 5$

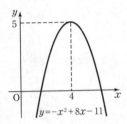

$x = 4$ のとき，最大値は 5
最小値はない

2　$y = -2x^2 + 8x - 7$
　　　$= -2(x^2 - 4x) - 7$
　　　$= -2\{(x-2)^2 - 4\} - 7$
　　　$= -2(x-2)^2 + 1$

(1)　$1 \leqq x \leqq 4$ の範囲で，この関数のグラフは次
　の図の実線で示した部分である。
　　グラフから
　$x = 2$ のとき，最大値は 1
　$x = 4$ のとき，最小値は -7

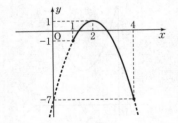

(2)　$3 \leqq x \leqq 5$ の範囲で，この関数のグラフは次
　の図の実線で示した部分である。
　　グラフから
　$x = 3$ のとき，最大値は -1
　$x = 5$ のとき，最小値は -17

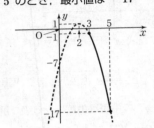

3 (1)　はじめの針金の長さは $40\,\mathrm{cm}$ だから，
　残った針金の長さは $(40 - 4x)\,\mathrm{cm}$
　　残った針金で正方形をつくると，その1辺の
　長さは $\dfrac{40 - 4x}{4} = (10 - x)\,(\mathrm{cm})$
　　よって
　　$y = x^2 + (10 - x)^2$
　　　$= x^2 + 100 - 20x + x^2$
　　　$= 2x^2 - 20x + 100$

(2)　$x > 0$ かつ $10 - x > 0$
　だから　$x > 0$ かつ $x < 10$
　よって，定義域は　$0 < x < 10$

(3)　$y = 2x^2 - 20x + 100$
　　　$= 2(x^2 - 10x) + 100$
　　　$= 2\{(x-5)^2 - 25\} + 100$
　　　$= 2(x-5)^2 + 50$　……①

　$0 < x < 10$ の範囲で，①のグラフは次の図
　の実線部分である。

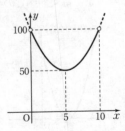

　グラフから，①は $x = 5$ のとき最小値 50 で
ある。よって，$x = 5\,\mathrm{cm}$ のとき，最小値
$50\,\mathrm{cm}^2$

4 (1) 2次方程式 $x^2 - 5x - 6 = 0$ を解くと
$(x+1)(x-6) = 0$ から
$$x = -1,\ 6$$

(2) 2次方程式 $x^2 + 6x + 9 = 0$ を解くと
$(x+3)^2 = 0$ から
$$x = -3$$

(3) 2次方程式 $2x^2 - 3x - 4 = 0$ を解くと
$$x = \frac{-(-3) \pm \sqrt{9+32}}{4}$$
$$= \frac{3 \pm \sqrt{41}}{4}$$

(4) 2次方程式 $x^2 - 4x + 6 = 0$ を解くと
$$x = \frac{-(-4) \pm \sqrt{16-24}}{2}$$
$$= \frac{4 \pm \sqrt{-8}}{2}$$

となり，$\sqrt{}$ の中が負の数になるので解はない。
よって，**共有点はない。**

5 (1) 2次方程式 $x^2 - 7x + 12 = 0$ を解くと
$(x-3)(x-4) = 0$ から
$$x = 3,\ 4$$
よって，$x^2 - 7x + 12 > 0$ の解は
$$x < 3,\ 4 < x$$

(2) 2次方程式 $x^2 + 9x - 10 = 0$ を解くと
$(x+10)(x-1) = 0$ から
$$x = -10,\ 1$$
よって，$x^2 + 9x - 10 \leqq 0$ の解は
$$-10 \leqq x \leqq 1$$

(3) 2次方程式 $2x^2 - 3x - 1 = 0$ を解くと
$$x = \frac{-(-3) \pm \sqrt{9+8}}{4}$$
$$= \frac{3 \pm \sqrt{17}}{4}$$
よって，$2x^2 - 3x - 1 \geqq 0$ の解は
$$x \leqq \frac{3 - \sqrt{17}}{4},\ \frac{3 + \sqrt{17}}{4} \leqq x$$

(4) 両辺に -1 をかけて
$$x^2 - 6x - 4 > 0$$
2次方程式 $x^2 - 6x - 4 = 0$ を解くと
$$x = \frac{-(-6) \pm \sqrt{36+16}}{2}$$
$$= \frac{6 \pm \sqrt{52}}{2} = \frac{6 \pm 2\sqrt{13}}{2}$$
$$= 3 \pm \sqrt{13}$$
よって，求める不等式の解は
$$x < 3 - \sqrt{13},\ 3 + \sqrt{13} < x$$

(5) 2次方程式 $x^2 - 8x + 16 = 0$ を解くと
$$(x-4)^2 = 0$$
$$x = 4$$
よって，$x^2 - 8x + 16 > 0$ の解は
$$x = 4\ \text{を除くすべての実数}$$

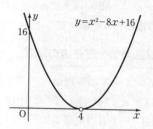

(6) 2次方程式 $2x^2 - x + 3 = 0$ を解くと
$$x = \frac{-(-1) \pm \sqrt{1-24}}{4}$$
$$= \frac{1 \pm \sqrt{-23}}{4}$$
となり，$\sqrt{}$ の中が負の数になるので解はない。
このとき，
$$y = 2x^2 - x + 3 = 2\left(x - \frac{1}{4}\right)^2 + \frac{23}{8}$$
から，グラフは次の図のようになり，どんな x の値に対しても $y > 0$ である。
よって，$2x^2 - x + 3 < 0$ の**解はない。**

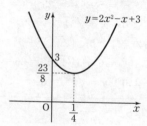

考 $y \geqq 60$ となる x の値の範囲を求めればよい。
$$-5x^2 + 40x \geqq 60$$
60 を左辺に移項して, 両辺を -5 でわると
$$x^2 - 8x + 12 \leqq 0$$
2次方程式 $x^2 - 8x + 12 = 0$ を解くと
$(x-2)(x-6) = 0$ から $x = 2, 6$
よって, $2 \leqq x \leqq 6$

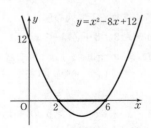

したがって, $60\,\mathrm{m}$ 以上であるのは
2 秒後から 6 秒後まで

㊴ 相似な三角形・三平方の定理　　p.98

問 1 $c : 18 = 8 : 12$ だから
$c \times 12 = 8 \times 18$ よって $c = 12$

問 2 (1) 三平方の定理より
$$3^2 + 2^2 = x^2$$
よって $x^2 = 3^2 + 2^2 = 9 + 4 = 13$
$x > 0$ より $x = \sqrt{13}$

(2) 三平方の定理より $y^2 + (\sqrt{7})^2 = 4^2$
よって $y^2 = 4^2 - \sqrt{7}^2 = 16 - 7 = 9$
$y > 0$ より $y = 3$

練習問題

① (1) $a : 3 = c : \boxed{7}$　(2) $a : b = \boxed{3} : \boxed{5}$

(3) $\dfrac{b}{c} = \dfrac{\boxed{5}}{\boxed{7}}$

② (1) 三平方の定理より $5^2 + 3^2 = x^2$
よって $x^2 = 5^2 + 3^2 = 25 + 9 = 34$
$x > 0$ より $x = \sqrt{34}$

(2) 三平方の定理より $(\sqrt{11})^2 + y^2 = 6^2$
よって $y^2 = 6^2 - (\sqrt{11})^2 = 36 - 11 = 25$
$y > 0$ より $y = \sqrt{25} = 5$

㊵ 三角比(1)　　p.99

問 3 (1) $\sin A = \dfrac{BC}{AB} = \dfrac{5}{13}$

$$\cos A = \dfrac{AC}{AB} = \dfrac{12}{13}$$
$$\tan A = \dfrac{BC}{AC} = \dfrac{5}{12}$$

(2) $\sin A = \dfrac{BC}{AB} = \dfrac{\sqrt{5}}{3}$, $\cos A = \dfrac{AC}{AB} = \dfrac{2}{3}$
$$\tan A = \dfrac{BC}{AC} = \dfrac{\sqrt{5}}{2}$$

練習問題

① (1) $\sin A = \dfrac{BC}{AB} = \dfrac{1}{\sqrt{5}}$
$$\cos A = \dfrac{AC}{AB} = \dfrac{2}{\sqrt{5}}$$
$$\tan A = \dfrac{BC}{AC} = \dfrac{1}{2}$$

(2) $\sin A = \dfrac{BC}{AB} = \dfrac{\sqrt{21}}{5}$, $\cos A = \dfrac{AC}{AB} = \dfrac{2}{5}$
$$\tan A = \dfrac{BC}{AC} = \dfrac{\sqrt{21}}{2}$$

(3) $\sin A = \dfrac{BC}{AB} = \dfrac{2}{\sqrt{13}}$, $\cos A = \dfrac{AC}{AB} = \dfrac{3}{\sqrt{13}}$
$$\tan A = \dfrac{BC}{AC} = \dfrac{2}{3}$$

(4) $\sin A = \dfrac{BC}{AB} = \dfrac{5}{\sqrt{74}}$, $\cos A = \dfrac{AC}{AB} = \dfrac{7}{\sqrt{74}}$
$$\tan A = \dfrac{BC}{AC} = \dfrac{5}{7}$$

(5) $\sin A = \dfrac{BC}{AB} = \dfrac{8}{17}$, $\cos A = \dfrac{AC}{AB} = \dfrac{15}{17}$
$$\tan A = \dfrac{BC}{AC} = \dfrac{8}{15}$$

(6) $\sin A = \dfrac{BC}{AB} = \dfrac{5}{\sqrt{34}}$, $\cos A = \dfrac{AC}{AB} = \dfrac{3}{\sqrt{34}}$
$$\tan A = \dfrac{BC}{AC} = \dfrac{5}{3}$$

㊶ 三角比(2)　　p.100

問 4 (1) $AB^2 = AC^2 + BC^2$
$$= 5^2 + 2^2$$
$$= 29$$
$AB > 0$ だから $AB = \sqrt{29}$
よって
$$\sin A = \dfrac{2}{\sqrt{29}}, \ \cos A = \dfrac{5}{\sqrt{29}}, \ \tan A = \dfrac{2}{5}$$

(2) $6^2 + BC^2 = 10^2$ から
$$BC^2 = 10^2 - 6^2$$
$$= 100 - 36$$
$$= 64$$
$BC > 0$ だから $BC = 8$
よって

$$\sin A = \frac{8}{10} = \frac{4}{5}, \ \cos A = \frac{6}{10} = \frac{3}{5},$$

$$\tan A = \frac{8}{6} = \frac{4}{3}$$

(3) $AC^2 + 5^2 = 8^2$ だから

$$AC^2 = 8^2 - 5^2$$
$$= 64 - 25$$
$$= 39$$

$AC > 0$ だから $AC = \sqrt{39}$
よって

$$\sin A = \frac{5}{8}, \ \cos A = \frac{\sqrt{39}}{8}, \ \tan A = \frac{5}{\sqrt{39}}$$

問 5

A	$30°$	$45°$	$60°$
$\sin A$	$\dfrac{1}{2}$	$\dfrac{1}{\sqrt{2}}$	$\dfrac{\sqrt{3}}{2}$
$\cos A$	$\dfrac{\sqrt{3}}{2}$	$\dfrac{1}{\sqrt{2}}$	$\dfrac{1}{2}$
$\tan A$	$\dfrac{1}{\sqrt{3}}$	1	$\sqrt{3}$

問 6 (1) $\sin 16° = \mathbf{0.2756}$

(2) $\cos 74° = \mathbf{0.2756}$

(3) $\tan 38° = 0.7813$

(4) $\sin 85° = 0.9962$

練習問題

① (1) $AB^2 = AC^2 + BC^2$
$$= 6^2 + 5^2$$
$$= 61$$

$AB > 0$ だから $AB = \sqrt{61}$
よって

$$\sin A = \frac{5}{\sqrt{61}}, \ \cos A = \frac{6}{\sqrt{61}}, \ \tan A = \frac{5}{6}$$

(2) $AC^2 + 1^2 = 2^2$ だから

$$AC^2 = 2^2 - 1^2$$
$$= 4 - 1$$
$$= 3$$

$AC > 0$ だから $AC = \sqrt{3}$
よって

$$\sin A = \frac{1}{2}, \ \cos A = \frac{\sqrt{3}}{2}, \ \tan A = \frac{1}{\sqrt{3}}$$

(3) $AB^2 = AC^2 + BC^2$
$$= 9^2 + 4^2$$
$$= 97$$

$AB > 0$ だから $AB = \sqrt{97}$
よって

$$\sin A = \frac{4}{\sqrt{97}}, \ \cos A = \frac{9}{\sqrt{97}}, \ \tan A = \frac{4}{9}$$

(4) $AC^2 + 7^2 = 10^2$ だから

$$AC^2 = 10^2 - 7^2$$
$$= 100 - 49$$
$$= 51$$

$AC > 0$ だから $AC = \sqrt{51}$
よって

$$\sin A = \frac{7}{10}, \ \cos A = \frac{\sqrt{51}}{10}, \ \tan A = \frac{7}{\sqrt{51}}$$

② (1) $\cos 30° = \dfrac{\sqrt{3}}{2}$ (2) $\tan 45° = \dfrac{1}{1} = \mathbf{1}$

(3) $\sin 60° = \dfrac{\sqrt{3}}{2}$ より，あてはまる角度は **60°**

(4) $\tan 30° = \dfrac{1}{\sqrt{3}}$ より，あてはまる角度は **30°**

③ (1) $\sin 27° = \mathbf{0.4540}$

(2) $\cos 67° = \mathbf{0.3907}$

(3) $\tan 54° = \mathbf{1.3764}$

(4) $\sin 75° = 0.9659$

(5) $\cos 36° = 0.8090$

(6) $\tan 15° = 0.2679$

㊷ 三角比の利用 p.102

問 7 (1) $\sin 18° = \dfrac{BC}{AB}$ だから

$BC = AB \times \sin 18° = 100 \times 0.3090$
$= 30.90$

よって，標高差 BC は **31 m**

(2) $\cos 18° = \dfrac{AC}{AB}$ だから

$AC = AB \times \cos 18° = 100 \times 0.9511$
$= 95.11$

よって，水平距離 AC は **95 m**

問 8 $\tan 42° = \dfrac{BC}{AC}$ だから

$BC = AC \times \tan 42°$
$= 20 \times 0.9004$
$= 18.008$

よって，高さ BC は **18 m**

練習問題

① (1) $\dfrac{BC}{AB} = \sin 9°$ だから

$BC = AB \times \sin 9° = 500 \times 0.1564$
$= 78.20$

よって，高度 BC は **78 m**

(2) $\dfrac{\text{AC}}{\text{AB}} = \cos 9°$ だから

$\text{AC} = \text{AB} \times \cos 9° = 500 \times 0.9877 = 493.85$

よって，水平距離 AC は **494 m**

② $\tan 36° = \dfrac{\text{BC}}{\text{AC}}$ だから

$\text{BC} = \text{AC} \times \tan 36°$

$\quad = 70 \times 0.7265$

$\quad = 50.855$

よって，高さは **51 m**

㊸ 三角比の相互関係・$(90°-A)$ の三角比
p.104

問 9 (1) $\sin A = \dfrac{3}{4}$ を $\sin^2 A + \cos^2 A = 1$

に代入すると

$\left(\dfrac{3}{4}\right)^2 + \cos^2 A = 1$

よって $\cos^2 A = 1 - \left(\dfrac{3}{4}\right)^2 = \dfrac{7}{16}$

$\cos A > 0$ だから

$\cos A = \sqrt{\dfrac{7}{16}} = \dfrac{\sqrt{7}}{4}$

また，$\tan A = \dfrac{\sin A}{\cos A} = \sin A \div \cos A$ から

$\tan A = \dfrac{3}{4} \div \dfrac{\sqrt{7}}{4} = \dfrac{3}{\sqrt{7}}$

(2) $\cos A = \dfrac{2}{5}$ を $\sin^2 A + \cos^2 A = 1$ に代入

すると

$\sin^2 A + \left(\dfrac{2}{5}\right)^2 = 1$

よって，$\sin^2 A = 1 - \left(\dfrac{2}{5}\right)^2 = \dfrac{21}{25}$

$\sin A > 0$ だから

$\sin A = \sqrt{\dfrac{21}{25}} = \dfrac{\sqrt{21}}{5}$

また，$\tan A = \dfrac{\sin A}{\cos A} = \sin A \div \cos A$ から

$\tan A = \dfrac{\sqrt{21}}{5} \div \dfrac{2}{5} = \dfrac{\sqrt{21}}{2}$

問 10 (1) $\sin 64° = \cos(90° - 64°) = \textbf{cos 26°}$

(2) $\sin 75° = \cos(90° - 75°) = \textbf{cos 15°}$

(3) $\cos 56° = \sin(90° - 56°) = \textbf{sin 34°}$

(4) $\cos 82° = \sin(90° - 82°) = \textbf{sin 8°}$

練習問題

① (1) $\sin A = \dfrac{5}{6}$ を $\sin^2 A + \cos^2 A = 1$ に

代入すると

$\left(\dfrac{5}{6}\right)^2 + \cos^2 A = 1$

よって $\cos^2 A = 1 - \left(\dfrac{5}{6}\right)^2 = \dfrac{11}{36}$

$\cos A > 0$ だから $\cos A = \sqrt{\dfrac{11}{36}} = \dfrac{\sqrt{11}}{6}$

また，$\tan A = \dfrac{\sin A}{\cos A} = \sin A \div \cos A$ から

$\tan A = \dfrac{5}{6} \div \dfrac{\sqrt{11}}{6} = \dfrac{5}{\sqrt{11}}$

(2) $\cos A = \dfrac{4}{5}$ を $\sin^2 A + \cos^2 A = 1$ に代入

すると $\sin^2 A + \left(\dfrac{4}{5}\right)^2 = 1$

よって $\sin^2 A = 1 - \left(\dfrac{4}{5}\right)^2 = \dfrac{9}{25}$

$\sin A > 0$ だから $\sin A = \sqrt{\dfrac{9}{25}} = \dfrac{3}{5}$

また，$\tan A = \dfrac{\sin A}{\cos A} = \sin A \div \cos A$ から

$\tan A = \dfrac{3}{5} \div \dfrac{4}{5} = \dfrac{3}{4}$

② (1) $\sin 80° = \cos(90° - 80°) = \textbf{cos 10°}$

(2) $\sin 58° = \cos(90° - 58°) = \textbf{cos 32°}$

(3) $\cos 62° = \sin(90° - 62°) = \textbf{sin 28°}$

(4) $\cos 77° = \sin(90° - 77°) = \textbf{sin 13°}$

Exercise
p.106

1 (1) $\sin A = \dfrac{\text{BC}}{\text{AB}} = \dfrac{\sqrt{11}}{6}$

$\cos A = \dfrac{\text{AC}}{\text{AB}} = \dfrac{5}{6}$

$\tan A = \dfrac{\text{BC}}{\text{AC}} = \dfrac{\sqrt{11}}{5}$

(2) $\text{AC}^2 + \text{BC}^2 = \text{AB}^2$ より

$\text{AC}^2 = \text{AB}^2 - \text{BC}^2 = 34 - 25 = 9$

$\text{AC} > 0$ より $\text{AC} = 3$

$\sin A = \dfrac{\text{BC}}{\text{AB}} = \dfrac{5}{\sqrt{34}}$

$\cos A = \dfrac{\text{AC}}{\text{AB}} = \dfrac{3}{\sqrt{34}}$，$\tan A = \dfrac{\text{BC}}{\text{AC}} = \dfrac{5}{3}$

2 (1) $\dfrac{\text{BC}}{\text{AB}} = \dfrac{x}{5} = \sin 35°$ だから

$x = 5 \times \sin 35°$

$\quad = 5 \times 0.5736 = 2.868$

よって $\boldsymbol{x = 2.9}$

(2) $\dfrac{\text{AC}}{\text{AB}} = \dfrac{y}{8} = \cos 50°$ だから

$y = 8 \times \cos 50°$

$\quad = 8 \times 0.6428 = 5.1424$

58

よって　$y = 5.1$

3 $\tan 8° = \dfrac{BC}{AC}$ だから

$$AC = \frac{300}{\tan 8°} = \frac{300}{0.1405}$$
$$= 2135.2\cdots$$

よって，水平距離 AC は **2135 m**

4 $\cos A = \dfrac{2}{3}$ を $\sin^2 A + \cos^2 A = 1$ に代入

すると

$$\sin^2 A + \left(\frac{2}{3}\right)^2 = 1$$

よって　$\sin^2 A = 1 - \left(\dfrac{2}{3}\right)^2 = \dfrac{5}{9}$

$\sin A > 0$ だから　$\sin A = \sqrt{\dfrac{5}{9}} = \dfrac{\sqrt{5}}{3}$

また，$\tan A = \dfrac{\sin A}{\cos A} = \sin A \div \cos A$ から

$$\tan A = \frac{\sqrt{5}}{3} \div \frac{2}{3} = \frac{\sqrt{5}}{2}$$

考 $MH = 230 \div 2 = 115\,(m)$

$\angle AMH = \alpha$ とおくと

$$\tan \alpha = \frac{AH}{MH}$$
$$= \frac{146}{115} = 1.26956\cdots$$

巻末の三角比の表を見て，タンジェントの値が
この値に近い角 α を調べる。

$$\tan 51° = 1.2349$$
$$\tan 52° = 1.2799$$

よって，α はおよそ $52°$ である。

したがって，$\angle AMH = 52°$

㊹ 鈍角の三角比・0°，90°，180° の三角比
　　　　　　　　　　　　　　　　p.108

問 1 (1)

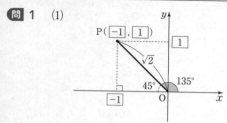

$\sin 135° = \dfrac{1}{\sqrt{2}}$，$\cos 135° = -\dfrac{1}{\sqrt{2}}$，

$\tan 135° = -1$

(2)

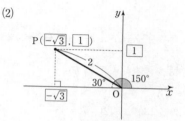

$\sin 150° = \dfrac{1}{2}$，$\cos 150° = -\dfrac{\sqrt{3}}{2}$，

$\tan 150° = -\dfrac{1}{\sqrt{3}}$

問 2 (1)

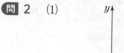

$\sin 0° = \dfrac{0}{1} = 0$，$\cos 0° = \dfrac{1}{1} = 1$，

$\tan 0° = \dfrac{0}{1} = 0$

(2)

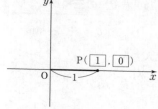

$\sin 180° = \dfrac{0}{1} = 0$，$\cos 180° = \dfrac{-1}{1} = -1$，

$\tan 180° = \dfrac{0}{-1} = 0$

問 3

θ	0°	30°	45°	60°
$\sin \theta$	0	$\dfrac{1}{2}$	$\dfrac{1}{\sqrt{2}}$	$\dfrac{\sqrt{3}}{2}$
$\cos \theta$	1	$\dfrac{\sqrt{3}}{2}$	$\dfrac{1}{\sqrt{2}}$	$\dfrac{1}{2}$
$\tan \theta$	0	$\dfrac{1}{\sqrt{3}}$	1	$\sqrt{3}$

90°	120°	135°	150°	180°
1	$\dfrac{\sqrt{3}}{2}$	$\dfrac{1}{\sqrt{2}}$	$\dfrac{1}{2}$	0
0	$-\dfrac{1}{2}$	$-\dfrac{1}{\sqrt{2}}$	$-\dfrac{\sqrt{3}}{2}$	-1
✕	$-\sqrt{3}$	-1	$-\dfrac{1}{\sqrt{3}}$	0

練習問題

① $\sin 60° = \dfrac{\sqrt{3}}{2}$, $\cos 60° = \dfrac{1}{2}$, $\tan 60° = \sqrt{3}$

$\sin 120° = \dfrac{\sqrt{3}}{2}$, $\cos 120° = -\dfrac{1}{2}$,

$\tan 120° = -\sqrt{3}$

② (1) $\theta = 30°, \; 150°$ (2) $\theta = 45°$

  (3) $\theta = 60°$ (4) $\theta = 60°, \; 120°$

  (5) $\theta = 150°$ (6) $\theta = 135°$

㊺ 拡張された三角比の相互関係
・$(180° - \theta)$ の三角比   **p.110**

問 4 (1) $\sin \theta = \dfrac{2}{3}$ を $\sin^2\theta + \cos^2\theta = 1$

に代入すると

$$\left(\dfrac{2}{3}\right)^2 + \cos^2\theta = 1$$

よって $\cos^2\theta = 1 - \left(\dfrac{2}{3}\right)^2 = \dfrac{5}{9}$

θ は鈍角だから $\cos\theta < 0$

したがって $\cos\theta = -\sqrt{\dfrac{5}{9}} = -\dfrac{\sqrt{5}}{3}$

また $\tan\theta = \dfrac{\sin\theta}{\cos\theta} = \dfrac{2}{3} \div \left(-\dfrac{\sqrt{5}}{3}\right)$

$\qquad\qquad = -\dfrac{2}{\sqrt{5}}$

(2) $\cos\theta = -\dfrac{3}{4}$ を $\sin^2\theta + \cos^2\theta = 1$ に代入

すると

$$\sin^2\theta + \left(-\dfrac{3}{4}\right)^2 = 1$$

よって $\sin^2\theta = 1 - \left(-\dfrac{3}{4}\right)^2 = \dfrac{7}{16}$

θ は鈍角で $\sin\theta > 0$ だから

$$\sin\theta = \sqrt{\dfrac{7}{16}} = \dfrac{\sqrt{7}}{4}$$

また $\tan\theta = \dfrac{\sin\theta}{\cos\theta} = \dfrac{\sqrt{7}}{4} \div \left(-\dfrac{3}{4}\right)$

$\qquad\qquad = -\dfrac{\sqrt{7}}{3}$

問 5 (1) $\sin 130° = \sin(180° - 130°) = \boldsymbol{\sin 50°}$

(2) $\cos 170° = -\cos(180° - 170°) = \boldsymbol{-\cos 10°}$

(3) $\tan 115° = -\tan(180° - 115°) = \boldsymbol{-\tan 65°}$

練習問題

① (1) $\sin\theta = \dfrac{1}{4}$ を $\sin^2\theta + \cos^2\theta = 1$ に代

入すると

$$\left(\dfrac{1}{4}\right)^2 + \cos^2\theta = 1$$

よって $\cos^2\theta = 1 - \left(\dfrac{1}{4}\right)^2 = \dfrac{15}{16}$

θ は鈍角だから $\cos\theta < 0$

したがって $\cos\theta = -\sqrt{\dfrac{15}{16}} = -\dfrac{\sqrt{15}}{4}$

また, $\tan\theta = \dfrac{\sin\theta}{\cos\theta} = \dfrac{1}{4} \div \left(-\dfrac{\sqrt{15}}{4}\right) = -\dfrac{1}{\sqrt{15}}$

(2) $\cos\theta = -\dfrac{2}{5}$ を $\sin^2\theta + \cos^2\theta = 1$ に代入

すると

$$\sin^2\theta + \left(-\dfrac{2}{5}\right)^2 = 1$$

よって $\sin^2\theta = 1 - \left(-\dfrac{2}{5}\right)^2 = \dfrac{21}{25}$

θ は鈍角で $\sin\theta > 0$ だから

$$\sin\theta = \sqrt{\dfrac{21}{25}} = \dfrac{\sqrt{21}}{5}$$

また $\tan\theta = \dfrac{\sin\theta}{\cos\theta} = \dfrac{\sqrt{21}}{5} \div \left(-\dfrac{2}{5}\right)$

$\qquad\qquad = -\dfrac{\sqrt{21}}{2}$

② (1) $\sin 170° = \sin(180° - 170°) = \boldsymbol{\sin 10°}$

(2) $\cos 96° = -\cos(180° - 96°) = \boldsymbol{-\cos 84°}$

(3) $\tan 160° = -\tan(180° - 160°) = \boldsymbol{-\tan 20°}$

㊻ 三角形の面積・正弦定理   **p.112**

問 6 (1) $S = \dfrac{1}{2} \times 5 \times 6 \times \sin 30°$

$\qquad\qquad = \dfrac{1}{2} \times 5 \times 6 \times \dfrac{1}{2} = \boldsymbol{\dfrac{15}{2}}$

(2) $S = \dfrac{1}{2} \times 10 \times 10 \times \sin 45°$

$\qquad = \dfrac{1}{2} \times 10 \times 10 \times \dfrac{1}{\sqrt{2}} = \dfrac{50}{\sqrt{2}} = \dfrac{50\sqrt{2}}{2}$

$\qquad = \boldsymbol{25\sqrt{2}}$

(3) $S = \dfrac{1}{2} \times 9 \times 12 \times \sin 120°$

$\qquad = \dfrac{1}{2} \times 9 \times 12 \times \dfrac{\sqrt{3}}{2} = \boldsymbol{27\sqrt{3}}$

問 7 (1) 正弦定理から

$$\dfrac{a}{\sin 45°} = \dfrac{6}{\sin 60°}$$

よって

$$a = \dfrac{6}{\sin 60°} \times \sin 45°$$

$\qquad = 6 \div \sin 60° \times \sin 45°$

$\qquad = 6 \div \dfrac{\sqrt{3}}{2} \times \dfrac{1}{\sqrt{2}}$

$\qquad = 6 \times \dfrac{2}{\sqrt{3}} \times \dfrac{1}{\sqrt{2}} = \dfrac{12}{\sqrt{6}} = \dfrac{12\sqrt{6}}{6}$

$\qquad = \boldsymbol{2\sqrt{6}}$

(2) 正弦定理から　$\dfrac{b}{\sin 30°} = \dfrac{8}{\sin 135°}$

よって

$$b = \dfrac{8}{\sin 135°} \times \sin 30°$$

$$= 8 \div \sin 135° \times \sin 30°$$

$$= 8 \div \dfrac{1}{\sqrt{2}} \times \dfrac{1}{2} = \boldsymbol{4\sqrt{2}}$$

(3) $\angle B = 180° - (30° + 105°) = 45°$

正弦定理から　$\dfrac{c}{\sin 30°} = \dfrac{4}{\sin 45°}$

よって

$$c = \dfrac{4}{\sin 45°} \times \sin 30°$$

$$= 4 \div \sin 45° \times \sin 30°$$

$$= 4 \div \dfrac{1}{\sqrt{2}} \times \dfrac{1}{2} = \boldsymbol{2\sqrt{2}}$$

練習問題

① (1) $S = \dfrac{1}{2} \times 3 \times 4 \times \sin 30°$

$$= \dfrac{1}{2} \times 3 \times 4 \times \dfrac{1}{2} = \boldsymbol{3}$$

(2) $S = \dfrac{1}{2} \times 4 \times 2 \times \sin 45°$

$$= \dfrac{1}{2} \times 4 \times 2 \times \dfrac{1}{\sqrt{2}} = \dfrac{4}{\sqrt{2}} = \dfrac{4\sqrt{2}}{2} = \boldsymbol{2\sqrt{2}}$$

(3) $S = \dfrac{1}{2} \times 4 \times 3\sqrt{3} \times \sin 150°$

$$= \dfrac{1}{2} \times 4 \times 3\sqrt{3} \times \dfrac{1}{2} = \boldsymbol{3\sqrt{3}}$$

② (1) 正弦定理から　$\dfrac{a}{\sin 60°} = \dfrac{\sqrt{6}}{\sin 45°}$

よって　$a = \dfrac{\sqrt{6}}{\sin 45°} \times \sin 60°$

$$= \sqrt{6} \div \dfrac{1}{\sqrt{2}} \times \dfrac{\sqrt{3}}{2}$$

$$= \sqrt{6} \times \sqrt{2} \times \dfrac{\sqrt{3}}{2} = \boldsymbol{3}$$

(2) 正弦定理から　$\dfrac{a}{\sin 30°} = \dfrac{10}{\sin 120°}$

よって　$a = \dfrac{10}{\sin 120°} \times \sin 30°$

$$= 10 \div \dfrac{\sqrt{3}}{2} \times \dfrac{1}{2}$$

$$= 10 \times \dfrac{2}{\sqrt{3}} \times \dfrac{1}{2}$$

$$= \dfrac{10}{\sqrt{3}} = \boldsymbol{\dfrac{10\sqrt{3}}{3}}$$

(3) $\angle B = 180° - (15° + 135°) = 30°$

正弦定理から　$\dfrac{a}{\sin 135°} = \dfrac{5}{\sin 30°}$

よって　$a = \dfrac{5}{\sin 30°} \times \sin 135°$

$$= 5 \div \dfrac{1}{2} \times \dfrac{1}{\sqrt{2}} = 5 \times 2 \times \dfrac{1}{\sqrt{2}}$$

$$= \dfrac{10}{\sqrt{2}} = \dfrac{10\sqrt{2}}{2} = \boldsymbol{5\sqrt{2}}$$

㊼ 正弦定理と外接円・余弦定理・3辺の長さから角度を求める　p.114

問 8　(1) $\dfrac{a}{\sin A} = 2R$ から　$\dfrac{6}{\sin 45°} = 2R$

よって　$R = \dfrac{3}{\sin 45°} = 3 \div \sin 45°$

$$= 3 \div \dfrac{1}{\sqrt{2}} = 3 \times \sqrt{2} = \boldsymbol{3\sqrt{2}}$$

(2) $\dfrac{b}{\sin B} = 2R$ から　$\dfrac{9}{\sin 120°} = 2R$

よって　$R = \dfrac{9}{2\sin 120°} = 9 \div 2\sin 120°$

$$= 9 \div \sqrt{3} = \dfrac{9}{\sqrt{3}} = \boldsymbol{3\sqrt{3}}$$

問 9　(1) 余弦定理から

$$a^2 = (2\sqrt{3})^2 + 5^2 - 2 \times 2\sqrt{3} \times 5 \times \cos 30°$$

$$= 12 + 25 - 20\sqrt{3} \times \dfrac{\sqrt{3}}{2} = 7$$

$a > 0$ だから　$a = \sqrt{7}$

(2) 余弦定理から

$$b^2 = 3^2 + (2\sqrt{2})^2 - 2 \times 3 \times 2\sqrt{2} \times \cos 45°$$

$$= 9 + 8 - 12\sqrt{2} \times \dfrac{1}{\sqrt{2}} = 5$$

$b > 0$ だから　$\boldsymbol{b = \sqrt{5}}$

(3) 余弦定理から

$$c^2 = 3^2 + 5^2 - 2 \times 3 \times 5 \times \cos 120°$$

$$= 9 + 25 - 30 \times \left(-\dfrac{1}{2}\right) = 49$$

$c > 0$ だから　$c = 7$

問 10　(1) $\cos A = \dfrac{(3\sqrt{2})^2 + 7^2 - 5^2}{2 \times 3\sqrt{2} \times 7}$

$$= \dfrac{18 + 49 - 25}{42\sqrt{2}}$$

$$= \dfrac{42}{42\sqrt{2}} = \dfrac{1}{\sqrt{2}}$$

だから　$\boldsymbol{A = 45°}$

(2) $\cos B = \dfrac{3^2 + 2^2 - (\sqrt{19})^2}{2 \times 3 \times 2} = \dfrac{9 + 4 - 19}{12}$

$$= \dfrac{-6}{12} = -\dfrac{1}{2}$$

だから　$\boldsymbol{B = 120°}$

① (1) $\dfrac{a}{\sin A} = 2R$ から $\dfrac{\sqrt{6}}{\sin 30°} = 2R$

よって $R = \dfrac{\sqrt{6}}{2\sin 30°} = \sqrt{6} \div 2\sin 30°$

$ = \sqrt{6} \div 1$

$ = \boldsymbol{\sqrt{6}}$

(2) $\dfrac{a}{\sin A} = 2R$ から $\dfrac{10}{\sin 120°} = 2R$

よって $R = \dfrac{5}{\sin 120°} = 5 \div \sin 120°$

$ = 5 \div \dfrac{\sqrt{3}}{2} = \dfrac{10}{\sqrt{3}} = \boldsymbol{\dfrac{10\sqrt{3}}{3}}$

② (1) 余弦定理から

$a^2 = 3^2 + 4^2 - 2 \times 3 \times 4 \times \cos 60°$

$ = 9 + 16 - 24 \times \dfrac{1}{2} = 13$

$a > 0$ だから $\boldsymbol{a = \sqrt{13}}$

(2) 余弦定理から

$a^2 = (3\sqrt{2})^2 + 4^2 - 2 \times 3\sqrt{2} \times 4 \times \cos 45°$

$ = 18 + 16 - 24\sqrt{2} \times \dfrac{1}{\sqrt{2}} = 10$

$a > 0$ だから $\boldsymbol{a = \sqrt{10}}$

(3) 余弦定理から

$a^2 = 5^2 + (4\sqrt{2})^2 - 2 \times 5 \times 4\sqrt{2} \times \cos 135°$

$ = 25 + 32 - 40\sqrt{2} \times \left(-\dfrac{1}{\sqrt{2}}\right) = 97$

$a > 0$ だから $\boldsymbol{a = \sqrt{97}}$

③ (1) $\cos C = \dfrac{8^2 + 5^2 - 7^2}{2 \times 8 \times 5} = \dfrac{64 + 25 - 49}{80}$

$ = \dfrac{40}{80} = \dfrac{1}{2}$

だから $\boldsymbol{C = 60°}$

(2) $\cos A = \dfrac{5^2 + (2\sqrt{3})^2 - (\sqrt{7})^2}{2 \times 5 \times 2\sqrt{3}}$

$ = \dfrac{25 + 12 - 7}{20\sqrt{3}}$

$ = \dfrac{30}{20\sqrt{3}} = \dfrac{3}{2\sqrt{3}} = \dfrac{\sqrt{3}}{2}$

だから $\boldsymbol{A = 30°}$

---

⑱ 正弦定理と余弦定理の利用 p.116

問 11 (1) $\angle ABC = 180° - (105° + 45°) = \boldsymbol{30°}$

(2) 正弦定理から

$$\dfrac{AB}{\sin 45°} = \dfrac{100}{\sin 30°}$$

よって $AB = \dfrac{100}{\sin 30°} \times \sin 45°$

$ = 100 \div \sin 30° \times \sin 45°$

$ = 100 \div \dfrac{1}{2} \times \dfrac{\sqrt{2}}{2}$

$ = \boldsymbol{100\sqrt{2}}$ （m）

問 12 (1) △PHB は直角三角形で

$\angle PBH = 60°$ だから

$BH : PH = 1 : \sqrt{3}$

よって $\sqrt{3}\,BH = PH$ であるから

$BH = \dfrac{30}{\sqrt{3}} = \dfrac{30\sqrt{3}}{3} = \boldsymbol{10\sqrt{3}}$ （m）

(2) △PHA は直角三角形で，$\angle PAH = 45°$ だから

$AH = PH = 30$

△ABH において，余弦定理より

$AB^2 = 30^2 + (10\sqrt{3})^2 - 2 \times 30 \times 10\sqrt{3} \times \cos 150°$

$ = 900 + 300 - 600\sqrt{3} \times \left(-\dfrac{\sqrt{3}}{2}\right)$

$ = 1200 + 900$

$ = 2100$

$AB > 0$ だから

$AB = \sqrt{2100} = \boldsymbol{10\sqrt{21}}$ （m）

① (1) $\angle ABC = 180° - (75° + 45°) = \boldsymbol{60°}$

(2) 正弦定理から

$$\dfrac{AB}{\sin 45°} = \dfrac{30}{\sin 60°}$$

$AB = \dfrac{30}{\sin 60°} \times \sin 45°$

$ = 30 \div \dfrac{\sqrt{3}}{2} \times \dfrac{\sqrt{2}}{2}$

$ = 30 \times \dfrac{2}{\sqrt{3}} \times \dfrac{\sqrt{2}}{2}$

$ = \dfrac{30\sqrt{2}}{\sqrt{3}} = \dfrac{30\sqrt{6}}{3} = \boldsymbol{10\sqrt{6}}$ （m）

② (1) △BHP は直角三角形で

$\angle PBH = 30°$ だから

$BH : PH = \sqrt{3} : 1$

$BH = \sqrt{3}\,PH = \sqrt{3} \times 50 = \boldsymbol{50\sqrt{3}}$ （m）

(2) △PHA は直角三角形で $\angle PAH = 45°$ だから

$AH = PH = 50$

△ABH において，余弦定理より

AB^2

$= 50^2 + (50\sqrt{3})^2 - 2 \times 50 \times 50\sqrt{3} \times \cos 150°$

$$= 2500 + 7500 - 5000\sqrt{3} \times \left(-\frac{\sqrt{3}}{2}\right)$$
$$= 10000 + 7500 = 17500$$

AB > 0 だから

$$AB = \sqrt{17500} = 50\sqrt{7} \text{ (m)}$$

Exercise p.118

1 (1) $\sin 140° = \sin(180° - 140°)$
$$= \sin 40° = \mathbf{0.6428}$$

(2) $\cos 125° = -\cos(180° - 125°)$
$$= -\cos 55° = \mathbf{-0.5736}$$

(3) $\tan 165° = -\tan(180° - 165°)$
$$= -\tan 15° = \mathbf{-0.2679}$$

2 (1) $\triangle ABC = \frac{1}{2} \times AB \times BC \times \sin 60°$
$$= \frac{1}{2} \times 8 \times 8 \times \frac{\sqrt{3}}{2}$$
$$= \mathbf{16\sqrt{3}}$$

(2) $\triangle ABC$ は正三角形だから AC $= 8$

$\triangle ACD = \frac{1}{2} \times AC \times CD \times \sin 30°$
$$= \frac{1}{2} \times 8 \times 2\sqrt{3} \times \frac{1}{2} = 4\sqrt{3}$$

よって

四角形 ABCD $= \triangle ABC + \triangle ACD$
$$= 16\sqrt{3} + 4\sqrt{3} = \mathbf{20\sqrt{3}}$$

3 (1) $\cos A = \dfrac{2^2 + 1^2 - (\sqrt{7})^2}{2 \times 2 \times 1}$
$$= \frac{-2}{4} = -\frac{1}{2}$$

よって，$A = \mathbf{120°}$

(2) $S = \frac{1}{2} \times 2 \times 1 \times \sin 120°$
$$= \frac{1}{2} \times 2 \times 1 \times \frac{\sqrt{3}}{2} = \mathbf{\frac{\sqrt{3}}{2}}$$

4 $\angle ACB = 180° - (70° + 80°) = 30°$

正弦定理から
$$\frac{BC}{\sin 70°} = \frac{50}{\sin 30°}$$

よって
$$BC = \frac{50}{\sin 30°} \times \sin 70°$$
$$= 50 \div \frac{1}{2} \times 0.9397$$
$$= 93.97$$

したがって，B，C 間の距離は **94 m**

考 2点 B，O を結ぶと，BO $= 6$

$$\angle AOB = 360° \div 8 = 45°$$
$$\triangle AOB = \frac{1}{2} \times OA \times OB \times \sin 45°$$
$$= \frac{1}{2} \times 6 \times 6 \times \frac{\sqrt{2}}{2} = 9\sqrt{2}$$

よって，求める面積を S とすると
$$S = 8 \times \triangle AOB$$
$$= 8 \times 9\sqrt{2} = 72\sqrt{2}$$

㊾集合と要素 p.120

問 1 (1) $C = \{1,\ 2,\ 4,\ 5,\ 10,\ 20\}$

(2) $D = \{3,\ 6,\ 9,\ 12,\ 15,\ 18\}$

(3) $E = \{1,\ 2,\ 3,\ 4,\ 5,\ 6,\ 7,\ 8,\ 9,\ 10\}$

問 2 $Q \subset A$，$R \subset A$

問 3 $B = \{3,\ 6,\ 9\}$ だから

$\overline{B} = \{1,\ 2,\ 4,\ 5,\ 7,\ 8,\ 10\}$

問 4 (1) $A \cap B = \{3,\ 5\}$

$A \cup B = \{1,\ 2,\ 3,\ 5,\ 7,\ 8,\ 9\}$

(2) $A \cap B = \{4,\ 8,\ 12\}$

$A \cup B = \{2,\ 4,\ 6,\ 8,\ 10,\ 12\}$

練習問題

① (1) $F = \{1,\ 2,\ 3,\ 4,\ 6,\ 12\}$

(2) $G = \{6,\ 8,\ 10,\ 12,\ 14\}$

(3) $H = \{10,\ 11,\ 12,\ 13,\ 14,\ 15,\ 16,\ 17,\ 18,\ 19,\ 20\}$

② $Q \subset A$，$R \subset A$

③ $B = \{4,\ 8,\ 12\}$ だから

$\overline{B} = \{1,\ 2,\ 3,\ 5,\ 6,\ 7,\ 9,\ 10,\ 11,\ 13,\ 14,\ 15\}$

④ (1) $A \cap B = \{-3,\ 1,\ 3\}$

$A \cup B = \{-3,\ -2,\ -1,\ 1,\ 2,\ 3,\ 5,\ 7\}$

(2) $A \cap B = \{3\}$

$A \cup B = \{1,\ 3,\ 5,\ 6,\ 7,\ 9,\ 11,\ 13\}$

㊿命題の真偽・否定・命題と集合 p.122

問 5 (1) 真である　(2) 真である

(3) 偽である　(4) 偽である

問 6 (1) 真である

(2) 偽である。反例は $x = -3$ である。

問 7 (1) 「n は偶数」の否定は

「n は偶数でない」すなわち，

「n は奇数」である。

(2) 「$x \leqq 2$」の否定は「$x \leqq 2$ でない」

すなわち，「$x > 2$」である。

問 8 (1) $-2 < x < 1$ をみたす数の集合を P
$-3 < x < 4$ をみたす数の集合を Q
とすると，$P \subset Q$ が成り立つ。

よって，命題「$-2 < x < 1 \Longrightarrow -3 < x < 4$」
は真である。

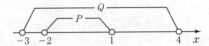

(2) $-2 \leqq x \leqq 3$ をみたす数の集合を P
$0 \leqq x \leqq 4$ をみたす数の集合を Q
とすると，$P \subset Q$ が成り立たない。

よって，命題「$-2 \leqq x \leqq 3 \Longrightarrow 0 \leqq x \leqq 4$」
は偽である。

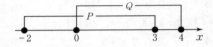

(3) 正三角形の集合を P
2 等辺三角形の集合を Q
とすると，$P \subset Q$ が成り立つ。

よって，命題「$\triangle$ ABC は正三角形 $\Longrightarrow$
$\triangle$ ABC は 2 等辺三角形」は真である。

練習問題

① (1) 偽である

(2) 真である

(3) 真である

(4) 真である

② (1) 真である。

(2) 偽である。反例は $x = 4$ である。

③ (1) 「$x < 4$」の否定は「$x < 4$ でない」
すなわち，「$x \geqq 4$」である。

(2) 「$x \geqq 5$」の否定は「$x \geqq 5$ でない」
すなわち，「$x < 5$」である。

④ (1) $x \leqq 0$ をみたす数の
集合を P
$x \leqq 2$ をみたす数の集合
を Q とすると，$P \subset Q$ が
成り立つ。

よって，命題「$x \leqq 0 \Longrightarrow x \leqq 2$」は真である。

(2) $-1 \leqq x \leqq 2$ をみたす数の集合を P
$-2 \leqq x \leqq 1$ をみたす数の集合を Q

とすると，$P \subset Q$ が成り立たない。

よって，命題「$-1 \leqq x \leqq 2 \Longrightarrow -2 \leqq x \leqq 1$」
は偽である。

反例は $x = 2$ である。

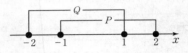

(3) 正方形の集合を P
平行四辺形の集合を Q

とすると，$P \subset Q$ が成り立つ。

よって，命題「四角形 ABCD は正方形 $\Longrightarrow$
四角形 ABCD は平行四辺形」は真である。

⑸ 必要条件と十分条件　　　　　p.124

問 9 (1) 命題「$x = 5 \Longrightarrow x^2 = 25$」は真で
あるから，$x = 5$ は $x^2 = 25$ であるための十
分条件である。

(2) 命題「$x = -4 \Longrightarrow x^2 = 16$」は真であるか
ら $x^2 = 16$ は $x = -4$ であるための必要条
件である。

問 10 ① 「$p \Longrightarrow q$」は真，「$q \Longrightarrow p$」は真
よって，p は q であるための必要十分条件で
ある。

② 「$p \Longrightarrow q$」は偽 （反例：$x = -2$），
「$q \Longrightarrow p$」は真

よって，p は q であるための必要条件であり，
十分条件ではない。

③ 「$p \Longrightarrow q$」は真，「$q \Longrightarrow p$」は偽 （反例：
$n = 8$）

よって，p は q であるための十分条件であり，
必要条件ではない。

④ 「$p \Longrightarrow q$」は真，「$q \Longrightarrow p$」は真

よって，p は q であるための必要十分条件で
ある。

以上のことから，必要十分条件になっているもの
は①と④

練習問題

① (1) 命題「$x = 4 \Longrightarrow x^2 = 16$」は真である
から $x = 4$ は $x^2 = 16$ であるための十分条
件である。

(2) 命題「$x = -7 \Longrightarrow x^2 = 49$」は真であるか

ら $x^2 = 49$ は $x = -7$ であるための**必要条件である。**

② ① $p \Longrightarrow q$ は真
$\qquad q \Longrightarrow p$ は真

よって，p は q であるための**必要十分条件である。**

② $p \Longrightarrow q$ は偽 （反例：$x = -8$）
$\qquad q \Longrightarrow p$ は真

よって，p は q であるための**必要条件である**が，十分条件ではない。

③ $p \Longrightarrow q$ は真
$\qquad q \Longrightarrow p$ は偽 （反例：$n = 12$）

よって，p は q であるための**十分条件である**が，必要条件ではない。

④ $p \Longrightarrow q$ は真
$\qquad q \Longrightarrow p$ は真

よって，p は q であるための**必要十分条件である。**

以上のことから，必要十分条件になっているものは**①と④**

㊾ 逆と対偶 p.126

問 11 (1) 逆「$x = 4 \Longrightarrow 2x - 5 = 3$」
真である。

(2) 逆「$-3 < x < 5 \Longrightarrow -2 < x < 3$」
偽である。反例は $x = 4$

(3) 逆「n は 3 の倍数 $\Longrightarrow n$ は 6 の倍数」
偽である。反例は $n = 9$

問 12 (1) n は 3 の倍数でない
$\qquad \Longrightarrow n$ は 6 の倍数でない

(2) $n + 2$ は奇数 $\Longrightarrow n$ は奇数

練習問題

① (1) 逆「$x = 2 \Longrightarrow 4x - 3 = 5$」
真である。

(2) 逆「$-4 < x < 3 \Longrightarrow -1 < x < 2$」
偽である。反例は $x = -3$

(3) 逆「n は 4 の倍数 $\Longrightarrow n$ は 8 の倍数」
偽である。反例は $n = 12$

② (1) n は 4 の倍数でない $\Longrightarrow n$ は 12 の倍数でない

(2) n は奇数 $\Longrightarrow n + 1$ は偶数

㊽ いろいろな証明法 p.128

問 13 (1) 対偶：「n は奇数 $\Longrightarrow n^2$ は奇数」

(2) n を奇数とすると，k を整数として
$n = 2k - 1$ とおくことができる。このとき
$$n^2 = (2k-1)^2 = 4k^2 - 4k + 1$$
$$= 2 \times (2k^2 - 2k) + 1$$

よって，n^2 は奇数である。

すなわち「n は奇数 $\Longrightarrow n^2$ は奇数」は真である。したがって，対偶が真であることが証明できたので，もとの命題
「n^2 は偶数 $\Longrightarrow n$ は偶数」は真である。

問 14 「$\sqrt{3}$ が無理数のとき，$1 + 2\sqrt{3}$ が無理数でない」と仮定する。

このとき，$1 + 2\sqrt{3}$ は有理数だから，この有理数を a として，
$\qquad 1 + 2\sqrt{3} = a$ と表せる。

これを変形すると
$$\sqrt{3} = \frac{a-1}{2}$$

ここで，a, 1, 2 はともに有理数だから
$\qquad$ 右辺の $\dfrac{a-1}{2}$ は有理数である。

よって，左辺の $\sqrt{3}$ も有理数となり，$\sqrt{3}$ が無理数であることに矛盾する。

すなわち「$\sqrt{3}$ が無理数のとき，$1 + 2\sqrt{3}$ が無理数でない」と仮定したことが誤りである。したがって，命題「$\sqrt{3}$ は無理数 $\Longrightarrow 1 + 2\sqrt{3}$ は無理数」は真である。

練習問題

① (1) 対偶：「n は偶数 $\Longrightarrow n^3$ は偶数」

(2) n を偶数とすると，k を整数として $n = 2k$ とおくことができる。このとき
$$n^3 = (2k)^3 = 8k^3 = 2 \times 4k^3$$

よって，n^3 は偶数である。

すなわち，「n は偶数 $\Longrightarrow n^3$ は偶数」は真である。

したがって，対偶が真であることが証明できたので，もとの命題「n^3 は奇数 $\Longrightarrow n$ は奇数」は真である。

② 「$\sqrt{2}$ が無理数のとき，$1 + 3\sqrt{2}$ が無理数でない」と仮定する。

このとき，$1+3\sqrt{2}$ は有理数だから，この有理数を a として，

$$1+3\sqrt{2}=a \quad と表せる。$$

これを変形すると

$$\sqrt{2}=\frac{a-1}{3}$$

ここで，a，1，3 はともに有理数だから

右辺の $\dfrac{a-1}{3}$ は有理数である。

よって，左辺の $\sqrt{2}$ も有理数となり，$\sqrt{2}$ が無理数であることに矛盾する。

すなわち「$\sqrt{2}$ が無理数のとき，$1+3\sqrt{2}$ が無理数でない」と仮定したことが誤りである。

したがって，命題「$\sqrt{2}$ は無理数 $\Longrightarrow$ $1+3\sqrt{2}$ は無理数」は真である。

Exercise　　　　　　　　　　　　p.130

1 (1) $A=\{1,\ 2,\ 3,\ 6,\ 9,\ 18\}$

(2) $B=\{-6,\ -5,\ -4,\ -3,\ -2,\ -1,\ 0,\ 1,\ 2,\ 3,\ 4\}$

(3) $C=\{7,\ 14,\ 21,\ 28,\ 35,\ 42,\ 49,\ 56\}$

2 $B \subset A,\ D \subset A$

3 $A=\{1,\ 3,\ 5,\ 7,\ 9,\ 11,\ 13,\ 15,\ 17,\ 19\}$
$B=\{3,\ 6,\ 9,\ 12,\ 15,\ 18\}$

(1) $\overline{A}=\{2,\ 4,\ 6,\ 8,\ 10,\ 12,\ 14,\ 16,\ 18,\ 20\}$

(2) $A \cap B=\{3,\ 9,\ 15\}$

(3) $A \cup B=\{1,\ 3,\ 5,\ 6,\ 7,\ 9,\ 11,\ 12,\ 13,\ 15,\ 17,\ 18,\ 19\}$

(4) $\overline{A} \cup B=\{2,\ 3,\ 4,\ 6,\ 8,\ 9,\ 10,\ 12,\ 14,\ 15,\ 16,\ 18,\ 20\}$

4 (1) 偽である。　　反例は $x=-6$

(2) 偽である。　　反例は $x=2$

5 (1) 「$5x-10=0 \Longrightarrow x=2$」は真
「$x=2 \Longrightarrow 5x-10=0$」は真
よって，$5x-10=0$ は $x=2$ であるための**必要十分条件**である。

(2) 「$x \geqq 3 \Longrightarrow x \geqq 5$」は偽（反例：$x=4$）
「$x \geqq 5 \Longrightarrow x \geqq 3$」は真
よって，$x \geqq 3$ は $x \geqq 5$ であるための**必要条件**である。

(3) 「$x=-5 \Longrightarrow x^2=25$」は真
「$x^2=25 \Longrightarrow x=-5$」は偽（反例：$x=5$）
よって，$x=-5$ は $x^2=25$ であるための**十分条件**である。

6 (1) $n+2$ は偶数 $\Longrightarrow$ n は偶数

(2) $x \leqq 0 \Longrightarrow x \leqq 2$

考

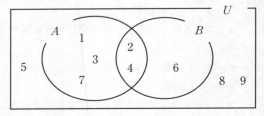

上の図より

(1) $A \cap \overline{B}=\{1,\ 3,\ 7\}$

(2) $\overline{A} \cap \overline{B}=\{5,\ 8,\ 9\}$

⑤④ 統計とグラフ　　　　　　　　p.132

問 1

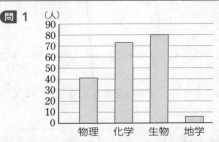

（例）生物選択者は物理選択者の約 2 倍である。

問 2

（例）1985 年の 1700 万人をピークに，就学者数は減少している。

問 3

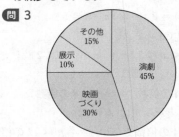

（例）演劇と映画づくりで，クラス全体の $\dfrac{3}{4}$ を占めている。

66

問 4

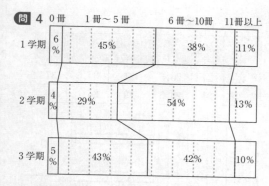

	0 冊	1 冊～5 冊		6 冊～10 冊	11 冊以上
1 学期	6%	45%		38%	11%
2 学期	4%	29%		54%	13%
3 学期	5%	43%		42%	10%

練習問題

①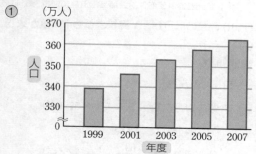

（万人）
人口
370 360 350 340 330 ～ 0
1999 2001 2003 2005 2007
年度

（万t）
ごみの量
160 150 140 130 120 110 100 90 ～ 0
1999 2001 2003 2005 2007
年度

②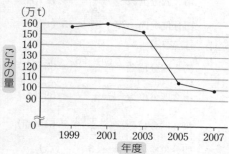

その他 38%　菊 40%
ゆり 3%
ガーベラ 4%
バラ
7%　8%
カーネーション

③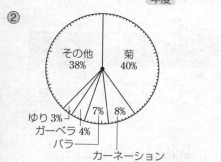

	校庭	体育館	ろう下	教室	その他
1 年	36%	28%	16%	9%	11%
2 年	26%	37%	7%	6%	24%
3 年	31%	26%	5%	3%	35%

---

55 度数分布表とヒストグラム　　p.134

問 5　(1)　最大の度数は 8 で，55cm 以上 60cm 未満

(2)　$8 + 4 + 2 = 14$ 人

問 6

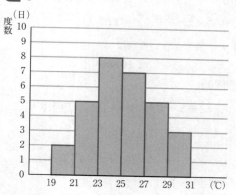

（日）
度数
10 9 8 7 6 5 4 3 2 1 0
19 21 23 25 27 29 31 (℃)

練習問題

① (1)

階級（秒）	度数（人）	正の字
6.0 以上～6.5 未満	2	丅
6.5～7.0	4	正
7.0～7.5	1	一
7.5～8.0	2	丅
8.0～8.5	1	一
計	10	

(2)　3 人

(3)
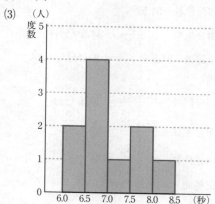

（人）
度数
5 4 3 2 1 0
6.0 6.5 7.0 7.5 8.0 8.5 (秒)

67

㊶ 代表値   p.136

問 7 $\dfrac{1}{10}(24+18+33+30+26+32+23+24+30+29)$

$= \dfrac{1}{10} \times 269 = \mathbf{26.9}$ **(m)**

問 8 中央値は，26 と 29 の平均値だから

中央値は $\dfrac{26+29}{2} = \mathbf{27.5}$ **(m)**

問 9 最も大きい度数は 32

よって，最頻値は **56 cm**

練習問題

① $\dfrac{1}{10}(2+5+3+7+5+6+3+9+8+2)$

$= \dfrac{1}{10} \times 50 = \mathbf{5}$ **(回)**

② (1) 2　5　6　9　10　12　13

中央値は **9**

(2) 1　2　4　5　7　8　9　10

中央値は $\dfrac{5+7}{2} = \dfrac{12}{2} = \mathbf{6}$

③ 最も大きい度数は 12

よって，最頻値は **27 cm**

㊷ 四分位数と四分位範囲・箱ひげ図   p.138

問 10

[A 高校]

第1四分位数 $\dfrac{26+27}{2} = \mathbf{26.5}$ **(分)**

第2四分位数 **31 分**

第3四分位数 $\dfrac{34+35}{2} = \mathbf{34.5}$ **(分)**

四分位範囲 $34.5 - 26.5 = \mathbf{8}$ **(分)**

[B 高校]

第1四分位数 $\dfrac{26+27}{2} = \mathbf{26.5}$ **(分)**

第2四分位数 $\dfrac{28+30}{2} = \mathbf{29}$ **(分)**

第3四分位数 $\dfrac{34+38}{2} = \mathbf{36}$ **(分)**

四分位範囲 $36 - 26.5 = \mathbf{9.5}$ **(分)**

問 11 5 数要約

	最小値	第1四分位数	第2四分位数	第3四分位数	最大値
A 高校	24	26.5	31	34.5	37
B 高校	21	26.5	29	36	40 (分)

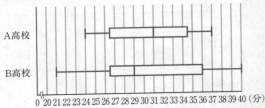

0 20 21 22 23 24 25 26 27 28 29 30 31 32 33 34 35 36 37 38 39 40 (分)

（例）B 高校のほうが，A 高校よりも散布度が大きい。

練習問題

① (1) ［A 高校］

第1四分位数 $\dfrac{56+58}{2} = \mathbf{57}$ **(点)**

第2四分位数 **62 点**

第3四分位数 $\dfrac{69+75}{2} = \mathbf{72}$ **(点)**

四分位範囲 $72 - 57 = \mathbf{15}$ **(点)**

［B 高校］

第1四分位数 $\dfrac{54+56}{2} = \mathbf{55}$ **(点)**

第2四分位数 $\dfrac{57+61}{2} = \mathbf{59}$ **(点)**

第3四分位数 $\dfrac{63+65}{2} = \mathbf{64}$ **(点)**

四分位範囲 $64 - 55 = \mathbf{9}$ **(点)**

(2)

	最小値	第1四分位数	第2四分位数	第3四分位数	最大値
A 高校	50	57	62	72	90
B 高校	42	55	59	64	80 (点)

(3)

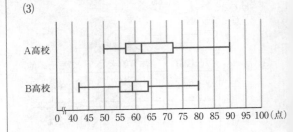

0 40 45 50 55 60 65 70 75 80 85 90 95 100 (点)

問 12

数学

$(平均値) = \dfrac{2+6+3+10+9}{5} = \dfrac{30}{5} = 6$（点）

$(分散)$

$= \dfrac{(2-6)^2+(6-6)^2+(3-6)^2+(10-6)^2+(9-6)^2}{5}$

$= \dfrac{16+9+16+9}{5} = \mathbf{10}$

$(標準偏差) = \sqrt{10} \fallingdotseq 3.1622\cdots$　約 **3.16** 点

英語

$(平均値) = \dfrac{6+8+5+9+7}{5} = \dfrac{35}{5} = 7$（点）

$(分散)$

$= \dfrac{(6-7)^2+(8-7)^2+(5-7)^2+(9-7)^2+(7-7)^2}{5}$

$= \dfrac{1+1+4+4}{5} = \mathbf{2}$

$(標準偏差) = \sqrt{2} \fallingdotseq 1.4142\cdots$　約 **1.41** 点

（例）数学の得点のほうが，散布度が大きい。

問 13　四分位範囲は 4 だから

　　$(第1四分位数) - (四分位範囲) \times 1.5$

　$= 9 - 4 \times 1.5 = 3$

　　$(第3四分位数) + (四分位範囲) \times 1.5$

　$= 13 + 4 \times 1.5 = 19$

よって，3 以下または 19 以上のデータが外れ値となる。

したがって，①と④と⑤

問 14　平均値が 16，標準偏差が 4 だから

　　$(平均値) - (標準偏差) \times 2$

　$= 16 - 4 \times 2 = 8$

　　$(平均値) + (標準偏差) \times 2$

　$= 16 + 4 \times 2 = 24$

よって，8 以下または 24 以上のデータが外れ値となる。

したがって，①と⑤

練習問題

①

数学

$(平均値) = \dfrac{6+4+8+7+10}{5} = \dfrac{35}{5} = 7$（点）

　$(分散)$

$= \dfrac{(6-7)^2+(4-7)^2+(8-7)^2+(7-7)^2+(10-7)^2}{5}$

$= \dfrac{1+9+1+9}{5} = \dfrac{20}{5} = \mathbf{4}$

$(標準偏差) = \sqrt{4} = 2$　**2** 点

国語

$(平均値) = \dfrac{6+5+4+7+8}{5} = \dfrac{30}{5} = 6$（点）

　$(分散)$

$= \dfrac{(6-6)^2+(5-6)^2+(4-6)^2+(7-6)^2+(8-6)^2}{5}$

$= \dfrac{1+4+1+4}{5} = \dfrac{10}{5} = \mathbf{2}$

$(標準偏差) = \sqrt{2} \fallingdotseq 1.4142\cdots$　約 **1.41** 点

（例）数学の得点のほうが，散布度が大きい。

②　四分位範囲は 6 だから

　　$(第1四分位数) - (四分位範囲) \times 1.5$

　$= 11 - 6 \times 1.5 = 2$

　　$(第3四分位数) + (四分位範囲) \times 1.5$

　$= 17 + 6 \times 1.5 = 26$

よって，2 以下または 26 以上のデータが外れ値となる。

したがって，①と⑤

③　平均値が 20，標準偏差が 3 だから

　　$(平均値) - (標準偏差) \times 2$

　$= 20 - 3 \times 2 = 14$

　　$(平均値) + (標準偏差) \times 2$

　$= 20 + 3 \times 2 = 26$

よって，14 以下または 26 以上のデータが外れ値となる。

したがって，①と②と⑤

㊾散布図・相関関係　　　p.142

問 15

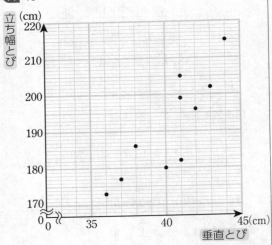

（例）垂直とびの距離が長い人は，立ち幅とびの距離も長い傾向がある。

問 16

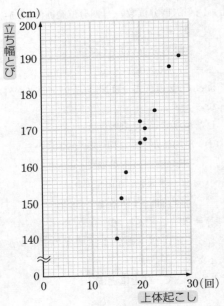

正の相関関係がある。

練習問題

①

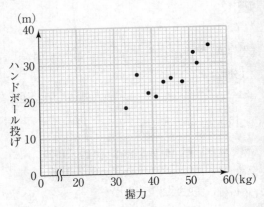

（例）握力が強い人は，ハンドボール投げの距離も長い傾向がある。

②

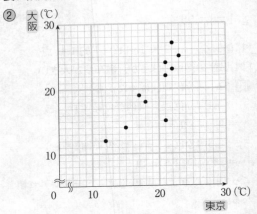

正の相関関係がある。

㉖相関係数　　　p.144

問 17

アパート	X	Y	$X-$平均	$Y-$平均
A	5	4	1	-2
B	3	8	-1	2
C	6	2	2	-4
D	2	6	-2	0
E	4	10	0	4
計			0	0

70

$(X-平均)^2$	$(Y-平均)^2$	$(X-平均)(Y-平均)$
1	4	-2
1	4	-2
4	16	-8
4	0	0
0	16	0
10	40	-12

$(X \text{ の平均値}) = \dfrac{5+3+6+2+4}{5} = \dfrac{20}{5} = 4$ （分）

$(Y \text{ の平均値}) = \dfrac{4+8+2+6+10}{5} = \dfrac{30}{5} = 6$ （万円）

$(X \text{ の標準偏差}) = \sqrt{\dfrac{10}{5}} = \sqrt{2}$

$(Y \text{ の標準偏差}) = \sqrt{\dfrac{40}{5}} = \sqrt{8} = 2\sqrt{2}$

$(X \text{ と } Y \text{ の偏差の積の平均値}) = -\dfrac{12}{5} = -2.4$

$(相関係数) = \dfrac{-2.4}{\sqrt{2} \times 2\sqrt{2}}$

$= \dfrac{-2.4}{4}$

$= -0.6$

練習問題

①

生徒	X	Y	$X-平均$	$Y-平均$
A	7	3	2	-3
B	5	6	0	0
C	3	9	-2	3
D	4	5	-1	-1
E	6	7	1	1
計			0	0

$(X-平均)^2$	$(Y-平均)^2$	$(X-平均)(Y-平均)$
4	9	-6
0	0	0
4	9	-6
1	1	1
1	1	1
10	20	-10

$(X \text{ の平均値}) = \dfrac{7+5+3+4+6}{5}$

$= \dfrac{25}{5} = 5$ （点）

$(Y \text{ の平均値}) = \dfrac{3+6+9+5+7}{5}$

$= \dfrac{30}{5} = 6$ （点）

$(X \text{ の標準偏差}) = \sqrt{\dfrac{10}{5}} = \sqrt{2}$

$(Y \text{ の標準偏差}) = \sqrt{\dfrac{20}{5}} = \sqrt{4} = 2$

$(X \text{ と } Y \text{ の偏差の積の平均値}) = -\dfrac{10}{5} = -2$

よって，

$(相関係数) = \dfrac{-2}{\sqrt{2} \times 2} = -\dfrac{1}{\sqrt{2}}$

$\fallingdotseq -0.71$

㉑ 仮説検定 p.146

問 18 「このコインは正しく作られている」と仮定する。相対度数の値の範囲が 0.05 以下になるとき「めったに起こらない」と判断すると決める。ここで，表を用いて，表が 1 回以下出る相対度数を求めると

$0.010 + 0.001 = 0.011$

これは 0.05 以下なので，仮説は正しくないと判断する。したがって，**このコインは正しく作られているとはいえない。**

練習問題

① 「このコインは正しく作られている」と仮定する。相対度数の値の範囲が 0.05 以下になるとき「めったに起こらない」と判断すると決める。ここで，表を用いて，表が 1 回以下出る相対度数を求めると

$0.031 + 0.004 = 0.035$

これは 0.05 以下なので，仮説は正しくないと判断する。したがって，**このコインは正しく作られているとはいえない。**

Exercise p.147

❶

階級（冊）		人
0 以上 ～ 5 未満		5
5	～10	5
10	～15	11
15	～20	8
20	～25	7
25	～30	1
30	～35	3
計		40

2 $(平均値) = \dfrac{13+14+15+17+18+23+250}{7}$

$= \dfrac{350}{7} = 50$ （枚）

中央値　**17** （枚）

3 (1)

最小値	第1 四分位数	第2 四分位数	第3 四分位数	最大値
14	16.5	20	26	29

(kg)

(2)

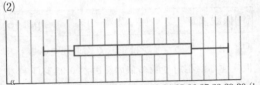

0 12 13 14 15 16 17 18 19 20 21 22 23 24 25 26 27 28 29 30 (kg)

(3) $(四分位範囲) = 26 - 16.5 = \textbf{9.5} \textbf{（kg）}$

(4) （平均値）

$= \dfrac{14+16+17+19+21+24+28+29}{8}$

$= \dfrac{168}{8} = \textbf{21} \textbf{（kg）}$

（分散）

$= \dfrac{1}{8}\{(14-21)^2 + (16-21)^2 + (17-21)^2 + (19-21)^2$

$\quad + (21-21)^2 + (24-21)^2 + (28-21)^2 + (29-21)^2\}$

$= \dfrac{1}{8}(49 + 25 + 16 + 4 + 0 + 9 + 49 + 64)$

$= \dfrac{216}{8} = 27$

よって

$(標準偏差) = \sqrt{27} = 3\sqrt{3} \fallingdotseq 3 \times 1.732$

$\qquad\qquad = 5.196 \fallingdotseq \textbf{5.2} \textbf{（kg）}$

4

生徒	X	Y	$X-平均$	$Y-平均$
A	3	6	-3	-1
B	5	7	-1	0
C	4	7	-2	0
D	5	8	-1	1
E	6	6	0	-1
F	7	8	1	1
G	8	10	2	3
H	5	3	-1	-4
I	8	9	2	2
J	9	6	3	-1
計			0	0

$(X-平均)^2$	$(Y-平均)^2$	$(X-平均)(Y-平均)$
9	1	3
1	0	0
4	0	0
1	1	-1
0	1	0
1	1	1
4	9	6
1	16	4
4	4	4
9	1	-3
34	34	14

$(X の平均値) = \dfrac{3+5+4+5+6+7+8+5+8+9}{10}$

$\qquad\qquad = \dfrac{60}{10} = 6$

$(Y の平均値) = \dfrac{6+7+7+8+6+8+10+3+9+6}{10}$

$\qquad\qquad = \dfrac{70}{10} = 7$

$(X の標準偏差) = \sqrt{\dfrac{34}{10}} = \sqrt{3.4}$

$(Y の標準偏差) = \sqrt{\dfrac{34}{10}} = \sqrt{3.4}$

$(X と Y の偏差の積の平均値) = \dfrac{14}{10} = 1.4$

$(相関係数) = \dfrac{1.4}{\sqrt{3.4} \times \sqrt{3.4}} = \dfrac{1.4}{3.4}$

$\qquad\qquad = 0.411\cdots \fallingdotseq \textbf{0.41}$

考 (1) 略

(2) $(第1四分位数) = 14$

$\quad (第3四分位数) = 23$

$\quad (四分位範囲) = 23 - 14 = 9$ だから

$\quad (第3四分位数) + (四分位範囲) \times 1.5$

$\quad = 23 + 9 \times 1.5 = 36.5$

よって，36.5 以上が外れ値となる。したがって，**250 は外れ値である。**

24(02